探訪　貨車駅舎

べつとが
本場の味
サッポロビール

JR
信濃平駅
Shinano-Taira Station

貨車駅舎の生まれた背景

木造駅舎を維持出来ない

列車に揺られながらなんとなく駅を見ていると、時たま「おおっ？」となる駅が現れる。それは渋い木造駅舎だったり、変な形をした駅だったり、駅舎のない駅だったり。

そんな気になる駅の１つが貨車駅舎だ。どう考えてもかつて線路を走ってましたよね？　という容貌にはとても興味を惹かれるものがある。

貨車駅舎が誕生したのは1984 年のことだ。第１号は駅舎というより待合室で、鳥取県の御来屋駅に３月30 日に設置された。そこからわずか１日違いの３月31 日、福島県の会津坂本駅に貨車駅舎が設置されている。これらを契機として、1989 年に至るまでに全国で80 か所以上の貨車駅舎が誕生している。

なぜ貨車が駅舎となったのか。

すごく大きなくくりで言えば、国鉄の赤字化が根底にある。それまで主流であった木造駅舎を維持していくことが出来なくなったためだ。

不採算路線の駅は次々と無人化され、駅舎に人が常駐することがなくなっていく。またメンテナンスにかける費用も削られる。そうなると安全面の問題が発生するほか、防犯上の問題も起きてくる。侵入者に荒らされたり、タバコの火の不始末で火事になったりすると大変なことになる。そのために木造駅舎は解体されていった。

木造駅舎の代わりに建てられる駅舎には様々な選択肢があったが、貨車が選択されたのは「メンテナンスを大してしなくても、風雪に耐える堅牢さ」という元々のポテンシャルがあったためがひとつ。ベース躯体があるため比較的安価に建てられるということがひとつ。もうひとつは、余剰貨車が大量に発生していたから、である。

1984 年の２月１日に国鉄のダイヤ改正が行われた。これは国鉄の多大な負債を軽減するための合理が図られたもので、主に貨物列車が大幅な整理対象となったのである。

それまでは１両１両の貨車単位で積荷の行先を設定していたのだが、コンテナ列車などで拠点間輸送を行う方式に変更。そのため貨車ではなく、コンテナ化がすすめられた。結果、コンテナ貨車以外の貨車が大量に余ることとなったのだ。

第１号である御来屋駅の待合室。デッキの入口上には建物財産標がつけられており、「鉄　待合所１号　昭和59 年３月30 日」と記されている

余った貨車の行方

余った貨車は解体もされていたが、赤字補填のためにと一般に販売される試みが行われた。それが当初の予想を超えて大人気で、飛ぶように売れた。1984年度だけで19億円の売り上げがあったという。各地には貨車を活用した居酒屋やラーメン屋、レストラン、宿泊施設、倉庫、トイレなどが次々と誕生。ただ、あまりにも無軌道に貨車が私的改造されるケースも出たため、改造の際の注意事項を示すことになったほどだ。

そんな貨車ブームの影響があったかどうかは不明だが、国鉄自体も余剰貨車による駅舎を次々と建てていった。今でこそ貨車駅舎は、居住性が低いものも少なくなく敬遠されがちな建物ではあるが、1984～1987年当時はものめずらしさもあって歓迎されていた。老朽化した木造駅舎より、新しくキレイな貨車駅舎が地元では歓迎されていたと当時の交通新聞が伝えている。

そんな貨車駅舎も、設置されてから40年近くが経過しようとしている。全国各地にあったそれらも建て替えや廃駅で次々と姿を消し、現存するのは30駅を数えるのみ。うち1駅は2022年春には消えようとしている。貨車駅舎を訪れる機会は、もうそんなに多くないかもしれない。

かつて日本の物流を担っていた貨車だが、モータリゼーションの発達と道路環境の向上により輸送の主力はトラックへと代わり、1980年代には貨物輸送の需要は減少していた。結果、大量の貨車が余ることとなった

貨車を振り分ける貨物操車場だった新鶴見操車場。1984年1月29日にその使命を終えた。写真は最終散転列車の式典の様子

解体されるワム80000。大量に余った貨車はこのように次々と解体され廃棄されていった（写真は1983年9月16日）。後に解体予定だった一部が一般に販売されるようになる

1984年8月に東京駅構内で行われた中古有蓋緩急車の展示会。ワフ29500を改造し、居住できる個室のサンプルを展示していた

INDEX

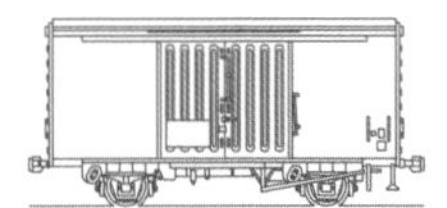

イラスト：豊洲機関区

本書の時刻表は、2021年11月現在のものです。

現役の
貨車駅舎

北海道

勇知

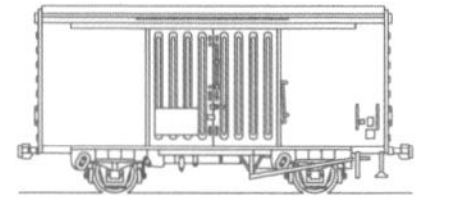

01

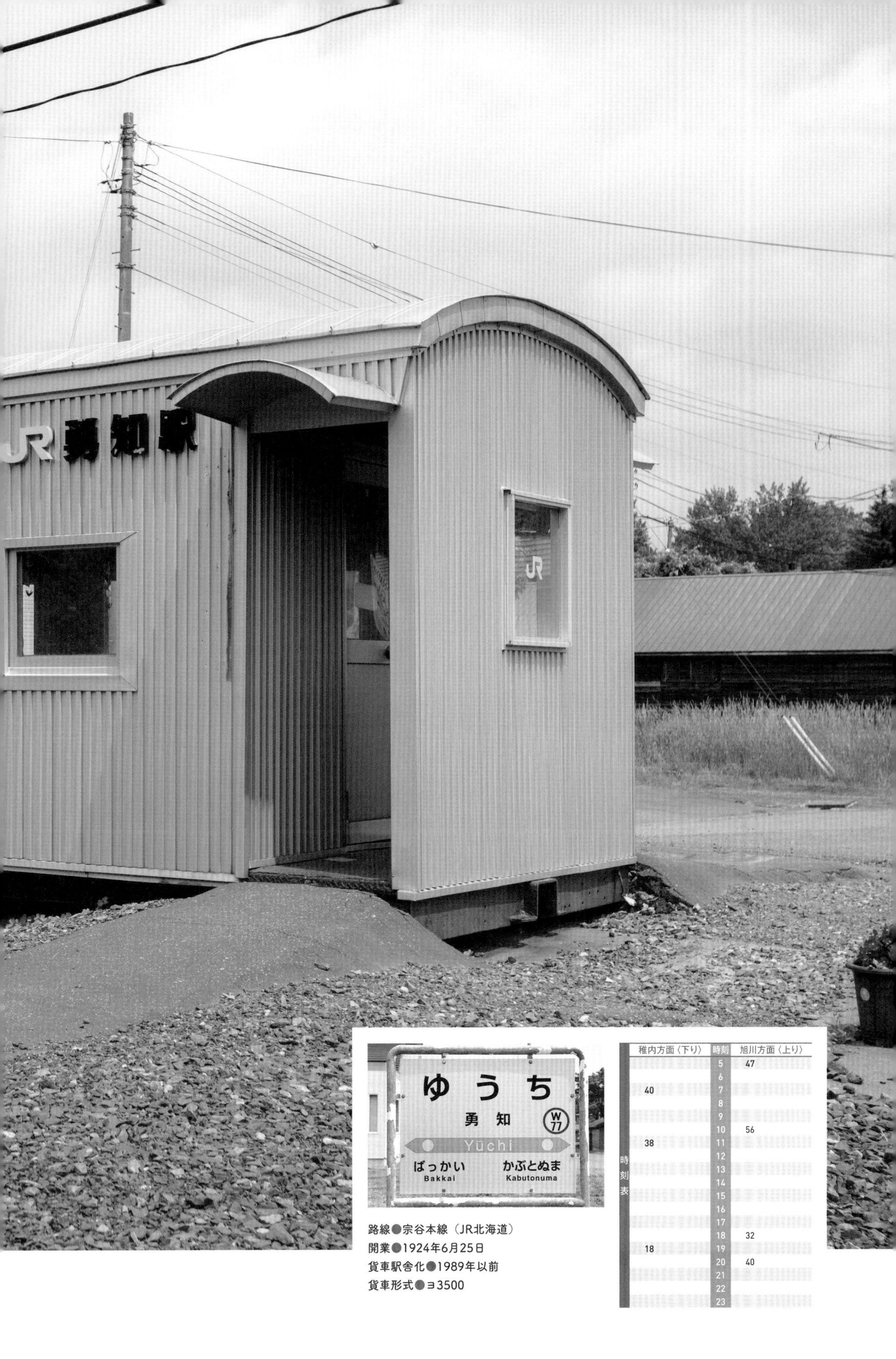

路線●宗谷本線（JR北海道）
開業●1924年6月25日
貨車駅舎化●1989年以前
貨車形式●ヨ3500

時刻表

稚内方面〈下り〉	時刻	旭川方面〈上り〉
	5	47
	6	
40	7	
	8	
	9	
	10	56
38	11	
	12	
	13	
	14	
	15	
	16	
	17	
	18	32
18	19	
	20	40
	21	
	22	
	23	

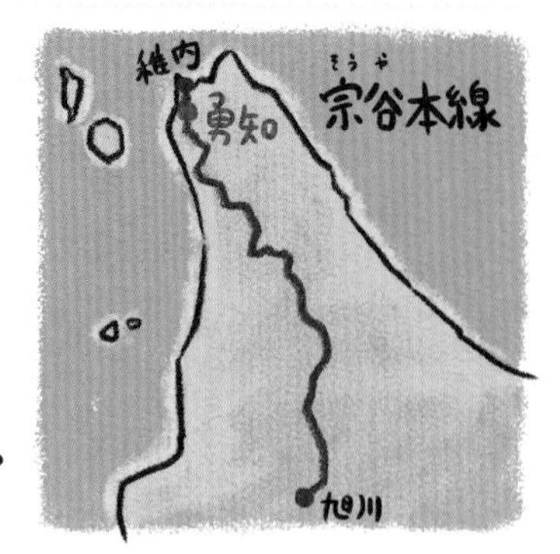

近代型の貨車駅舎

勇知(ゆうち)駅

まずは北海道、日本最北端の路線、宗谷本線から。現役の貨車駅舎においては最多数の6駅を有する路線でもある。その中でも2015年頃に外装の更新がされた貨車駅舎の1つ。

外壁はモダンなステンレスのコルゲート材に覆われ、貨車っぽさは薄い。

出入口に庇(ひさし)がついているのは雪対策かな?

電話箱

ホーム側

誰が作ったのか…
手作りの「ゆうち」オリジナル椅子カバーと、ホルスタイン柄のクッション。

出入口の扉はサッシ戸に変えられている。

内部の掲示物は、時刻表や路線図、ポスター等

掃除用具
駅舎は利用者できれいに!

トイレは和式

貨車情報… 国鉄ヨ3500形

戦後、急ごしらえで作られた車掌車を置き換えるため、1950年から製造された。600両近くが新造され、日本の車掌車のスタンダードとなった。
※北海道の貨車駅舎のほとんどがこのヨ3500形の改造である。

窓まわりにはたくさんの折り鶴やぬいぐるみが吊るしてある。

換気扇

この扉は開かない。
おそらくは駅の用具入れだろう…。

出入口そばにあるこの箱…
待ち時間中に使えるカラオケ装置…
ではなく、地震計の記録装置らしい。

駅舎正面には地元の保育園児によって植えられた花壇がある。色とりどりの花たちが心を和ませてくれる。

雰囲気

駅舎を出るとこのように住宅が広がる

整然と管理された駅ホーム

周辺案内

孝子の庭のログハウス。
園主が自ら手掛けており、
ほぼ山の木を使ったとか

孝子の庭の展望台。
本来なら利尻富士が
見られるが……

コウホネ沼。海岸がすぐ目の前にある珍しい湿地

日本最北端の駅である稚内から、南へ3駅の場所にあるのが勇知だ。貨車駅舎として、後にも先にもこの駅が最北端となっている。最北端と言っても、なにもない秘境駅というわけではなく、小さな集落の中に駅が置かれているような印象。駅の目の前までアスファルト道路が敷かれている。

ホームは、砂利の敷かれた1面1線。そこに貨車駅舎がポツンと置かれている。この形が、「北海道の貨車駅舎」の典型だが、勇知駅はキレイに整備されており見通しもよい。また、駅舎前面には『ゆうちほいくしょ』が管理する花壇、駅舎脇には町内会の管理する花壇があって、愛されている駅だなと思わせる。

駅近くに簡易軌道勇知線の跡があるはずなのだが、取材時には見つけられなかった。

駅周辺にはコンビニはないが、商店や自動販売機はあるので、昼間であれば下車して散策するのもいい。また、廃校になった上勇知中学校を活用したギャラリー兼カフェもある（ただし13時～15時までなうえ、土祝日しか開いていないので注意が必要）。

大きな見どころは2つあり、1つは駅からすぐ北にある『日本最北のガーデン 孝子の庭』。主である梅津氏が、「庭をやりたい」と一念発起し、持山を造成。道を作り、家を建て、庭を造った。そうして入園無料で年中無休のガーデンが誕生、季節ごとの花が見られるほか、日本最北のソメイヨシノなどが見られる。また展望台からは日本海に浮かぶ利尻富士（利尻岳）が眺められる。

もうひとつは、駅から西へ約8kmの『こうほねの家』。正直徒歩で行くような場所ではないのだが、稚内西海岸沿いにある展望台だ。展望台の前には『コウホネ沼』という湿地帯があり、夏には絶滅危惧種のネムロコウホネという、水蓮に似た黄色でかわいい花が咲いているのを見られる。展望台からは利尻富士の雄大な姿を眺めることができる。

昔の姿

木造駅舎だった頃の勇知駅

1989年の駅舎。90年代半ばには、中央のラインが青に塗られた

北海道

下沼

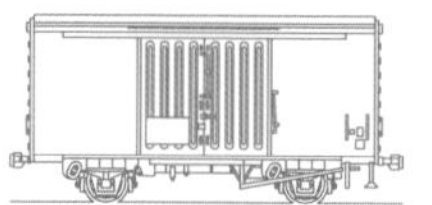

02

路線●宗谷本線（JR北海道）
開業●1926年9月25日
貨車駅舎化●1985年
貨車形式形式●ヨ3500

時刻表

稚内方面〈下り〉	時刻	旭川方面〈上り〉
	5	
	6	15
07	7	
	8	
	9	
	10	
04	11	26
	12	
	13	
	14	
	15	
	16	
	17	
47	18	
	19	05
	20	
	21	10
	22	
	23	

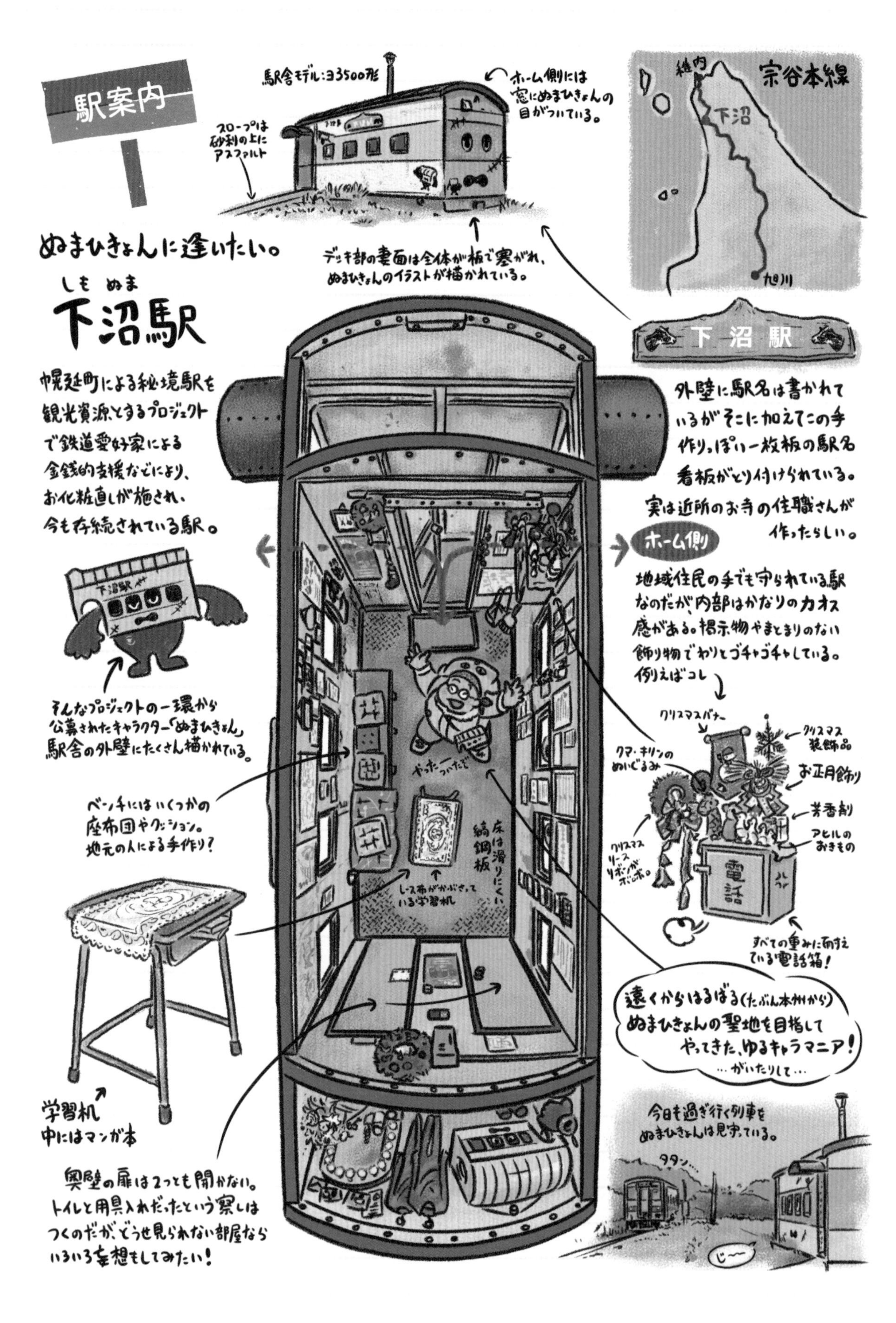
駅案内
ぬまひきょんに逢いたい。
しも ぬま
下沼駅
幌延町による秘境駅を
観光資源とするプロジェクト
で鉄道愛好家による
金銭的支援などにより、
お化粧直しが施され、
今も存続されている駅。
駅舎モデル：ヨ3500形
スロープは
砂利の上に
アスファルト
ホーム側には
窓にぬまひきょんの
目がついている。
デッキ部の妻面は全体が板で塞がれ、
ぬまひきょんのイラストが描かれている。
宗谷本線
稚内
下沼
旭川
下沼駅
外壁に駅名は書かれて
いるがそこに加えてこの手
作りっぽい一枚板の駅名
看板がとり付けられている。
実は近所のお寺の住職さんが
作ったらしい。
ホーム側
地域住民の手でも守られている駅
なのだが、内部はかなりのカオス
感がある。掲示物やまとまりのない
飾り物でわりとゴチャゴチャしている。
例えばコレ
クリスマスバナー
クリスマス
装飾品
クマ・キリンの
ぬいぐるみ
お正月飾り
芳香剤
アヒルの
おきもの
クリスマス
リース
リボンが
ボロボロ。
電話
すべての重みに耐え
ている電話箱！
下沼駅
そんなプロジェクトの一環から
公募されたキャラクター「ぬまひきょん」
駅舎の外壁にたくさん描かれている。
ベンチにはいくつかの
座布団やクッション。
地元の人による手作り？
やったーついたぞ
床は滑りにくい
縞鋼板
レース布がかぶさって
いる学習机
遠くからはるばる（たぶん本州から）
ぬまひきょんの聖地を目指して
やってきた、ゆるキャラマニア！
…がいたりして…
学習机
中にはマンガ本
今日も過ぎ行く列車を
ぬまひきょんは見守っている。
タタン…
じー
奥壁の扉は2つとも開かない。
トイレと用具入れだったという察しは
つくのだが、どうせ見られない部屋なら
いろいろ妄想もしてみたい！

雰囲気

秘境感ある景色の中にゆるいキャラがいる面白い光景

大きな木が茂っている駅前

列車を降りると顔の書かれた駅舎で出迎えられる、謎感たっぷりの下沼。

実はJR北海道から廃駅を予定されていた駅だったのだが、地元幌延町による秘境駅を守るプロジェクト「マイステーション運動」によって存続が決定。その際に公募によって生まれた駅舎キャラクター『ぬまひきょん』が描かれている。

廃駅が検討されていたというだけあって、秘境感はたっぷり。砂利の敷かれたホームから駅舎を抜けると、駅前には大きな木が茂っている。駅前を過ぎて道を進んでも周りには緑があるだけ。さらに進むと数軒の民家はあるが、商店などは何もない。牧草地や林がひたすら続いているだけなのだ。

ただそんな牧草地を西へ西へ2kmほど向かうと、観光スポットであるパンケ沼に行きあたる。これはサロベツ原野にある汽水湖。ここでは天然のヤマトシジミが獲れるほか、幻の魚と言われるイトウも生息している。周辺には木道が整備されており、景観を楽しめる。晴れた日には海の向こうに利尻岳を見ることもできる。ちなみにここで獲れるシジミは、天塩シジミの名で市場に流通している。

駅の間近にも水にまつわるスポットがある。駅前わずか100mのところにある『湧水サロベツ権左衛門』。1954年から自噴している井戸で、車で水を汲みに来た人が下沼駅前でUターンして戻っていく姿も多く見られる。

周辺案内

駅のすぐ目の前にある自噴井戸。水が豊富な地だとわかる

パンケ沼は、周囲約8kmあるサロベツ原野最大の汽水湖。アイヌ語で下流側を意味するパンケトが語源

昔の姿

右は1974年の下沼駅からC55上り列車の出る様子。かつての賑わいも、今は昔。左は1983年の駅舎

貨車駅舎が置かれた当初は東北新幹線のような色に塗られていた。その後、ブルーのラインに変更された

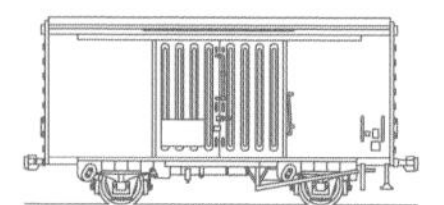

03

路線●宗谷本線（JR北海道）
開業●1923年11月10日
貨車駅舎化●1986年11月
貨車形式形式●ヨ3500

時刻表

稚内方面〈下り〉	時刻	旭川方面〈上り〉
	5	
26	6	51
	7	
	8	
	9	
4	10	
	11	
	12	15
	13	
	14	
	15	
	16	
	17	
00	18	
	19	44
	20	
	21	
	22	
	23	

駅案内

宗谷本線
稚内
問寒別
旭川

往年の鉄道時代を偲ぶ…

問寒別駅

(といかんべつ)

全盛期の頃は列車
交換を兼ねた2線の
大きな駅だった。

ここ問寒別は知る人ぞ知る
炭鉱用等の簡易軌道の始点
でもあった。

駅の近く
にある
記念碑

問寒別簡易軌道始点跡
問基百年記念 平成十年六月建立

ここから扇状地の緩やかな傾斜を
登っていく約十六kmの軌道が存在していた。

ヨ3500当時の
二重窓の形式が
そのまま継承
されているが、
中には開かな
いものもある。

廃線直前まで使われていた小型の
ディーゼル機関車。

下沼にも劣らない数
の掲示物だが飾りや置き物が
少ない分こちらの方がすっきりしている。

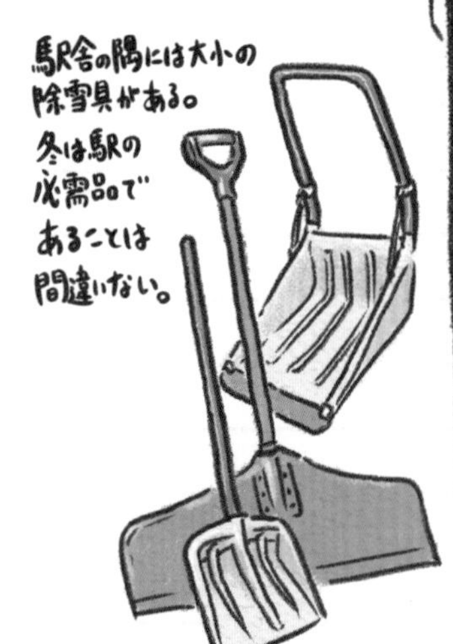

駅舎の隅には大小の
除雪具がある。
冬は駅の
必需品で
あることは
間違いない。

この扉も開かない…
では、妄想してみるとしよう！

たぶんこの中は今はなき簡易軌道
の記憶を後世に語り継ぐために、
幌延町が独自に開発した
体験型シミュレーター、その名も…
「軌道でGO」があるのだろう！

全国からやって来る軌道ファンが一度は
プレイしようと、今日も行列を作っている……
のかもしれない。

雰囲気

駅構内が広い。ホームも駅舎もなんだか余裕がある

駅前は、北海道らしく家々の間隔の広い街並みが広がっている

周辺案内

かつて天塩川が蛇行していた場所。河川改良により三日月状の沼となっている

糠南駅。シンプルな板張りのホームとヨド物置改造の待合室だけの駅だ

地域おこし協力隊事務所併設のドゥモンド。平日のみの営業なので注意

元鉄道官舎跡。現在も残っているところがすごい

宗谷本線にありがちの駅かなと思っていると、意外に幅の広いホームに驚かされる。砂利が敷かれているのは変わらないが、どこか整然とした雰囲気の駅だ。駅を出ると広い道沿いに住宅街が広がっているのが分かる。しっかりと人々が生活している感じがする。

それもそのはず、問寒別は大学研究施設のある駅なのである。スーパーもJAも、小中学校だってある。なにしろ1960年頃は2000人規模の人口を抱えた町だったのだ。駅も交換駅だったため、かつては複数の路線があった。しかし、現在は人口300人ほどと過疎が進んでおり、飲食店などは存在していない。いや、存在していなかったのだが、地域おこし協力隊によって約30年ぶりに駅前に『コミュニティ食堂ドゥモンド』が開かれた。これにより安心して降りられる駅となっている。

駅舎は勇知駅と同じく、もともとの貨車に化粧外装を施したタイプ。定期的に見まわりが行われており、駅舎内もキレイに清掃されている。また外には、町が設置したトイレも完備されている。

駅近辺のスポットとしては、もともと天塩川だった流路を閉塞して作られた三日月状の沼（航空写真を見てもただの川に見えるが沼）や、問寒別川（川を渡る宗谷本線が撮れる）。また駅前には、もともと鉄道官舎だったものを流用して木工細工のアトリエと活用されているちょっとマニアックなポイントも。

また駅から2.5kmほどの場所に糠南駅があり、徒歩で行ける。実際、駅舎内にもその案内が貼ってあるほどだ。一方でその経路上には森などもあり、熊が出るので要注意とのこと。

問寒別簡易軌道

問寒別にはもう一つ大きなスポットがある。それは『問寒別簡易軌道』の痕跡が残っていることだ。問寒別駅を起点に道道583号線沿いに北に20kmほど、点々とではあるがかつて存在した簡易軌道の足跡を今なお見ることができる。

もともと開拓用の軌道として開業したもので、のちにクロームの採掘、石炭の採掘、原木の輸送などに活用された。

起点は問寒別駅を出て、道道395号線を右に100m進んだところに碑がある。

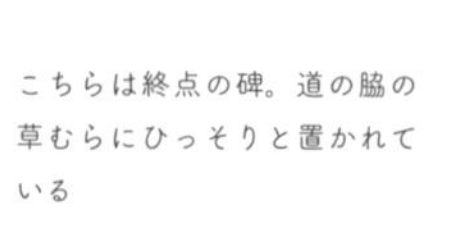

起点にはわかりやすく碑が建てられている

ヌポロマポロ川に残されている橋梁跡

問寒別川にある橋梁跡。草に埋もれているほか一部は川の中だ

コンクリート製の橋脚が風雪に耐えながらも残っている。一部鉄筋が露出しているのが見える

近づいてみるとコンクリート製の橋脚の下に、木製の杭が打ち込まれている様子がよくわかる

こちらは終点の碑。道の脇の草むらにひっそりと置かれている

1955年頃の問寒別簡易軌道。木材の搬出を行っていた様子

起点となっていた問寒別停留所の看板

1969年、除雪用の大型スノープラウを備えた旅客列車

問寒別停留所から駅前農協倉庫横への引き込み線の様子

1971年に廃線となった。その際行われた廃線式の様子

写真：幌延町役場提供

昔の姿

交換駅だったころの問寒別駅舎。少しモダンな作り

貨車になってしばらくした1989年の駅舎の様子

北海道

歌内

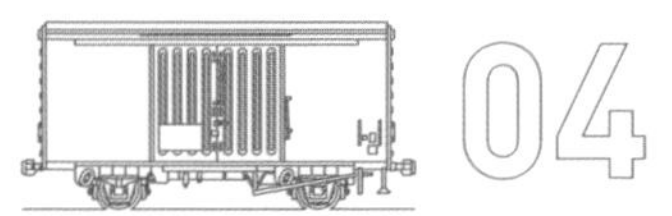

04

路線●宗谷本線（JR北海道）
開業●1923年11月10日
貨車駅舎化●1989年以前
貨車形式●ヨ3500

時刻表

稚内方面〈下り〉	時刻	旭川方面〈上り〉
	5	
19	6	57
	7	
	8	
57	9	
	10	
	11	
	12	22
	13	
	14	
	15	
	16	
53	17	
	18	
	19	52
	20	
	21	
	22	
	23	

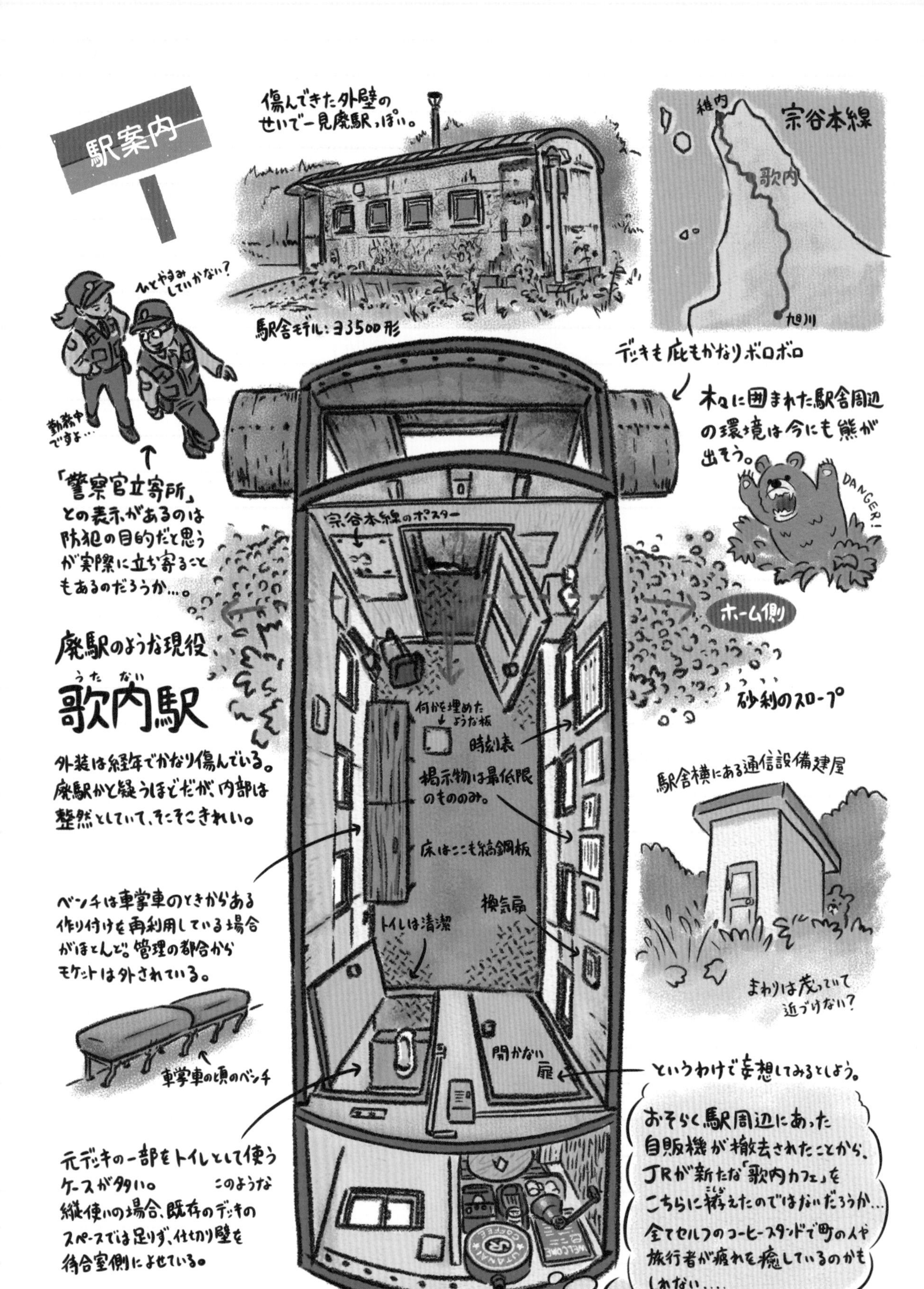
駅案内
傷んできた外壁のせいで一見廃駅っぽい。
宗谷本線
稚内
歌内
旭川
ひとやすみしていかない？
勤務中ですよ…
駅舎モデル：ヨ3500形
デッキも庇もかなりボロボロ
木々に囲まれた駅舎周辺の環境は今にも熊が出そう。
DANGER！
「警察官立寄所」との表示があるのは防犯の目的だと思うが実際に立ち寄ることもあるのだろうか…。
宗谷本線のポスター
ホーム側
廃駅のような現役
歌内駅
外装は経年でかなり傷んでいる。廃駅かと疑うほどだが、内部は整然としていて、そこそこきれい。
何かを埋めたような板
時刻表
砂利のスロープ
掲示物は最低限のもののみ。
駅舎横にある通信設備建屋
床はここも縞鋼板
ベンチは車掌車のときからある作り付けを再利用している場合がほとんど。管理の都合からモケットは外されている。
換気扇
トイレは清潔
まわりは茂っていて近づけない？
車掌車の頃のベンチ
開かない扉
というわけで妄想してみるとしよう。
おそらく駅周辺にあった自販機が撤去されたことから、JRが新たな「歌内カフェ」をこちらに拵えたのではないだろうか…
全てセルフのコーヒースタンドで町の人や旅行者が疲れを癒しているのかもしれない….
元デッキの一部をトイレとして使うケースが多い。このような継ぎ使いの場合、既存のデッキのスペースでは足りず、仕切り壁を待合室側によせている。

クマが出るなここ。そんな第一印象を持った駅。というのも周りは高い藪や木々に囲まれており、危険な雰囲気が漂っていたためだ。実際には近くに民家などもあり、そこまでマズい場所ではないのだろうが、さびた駅舎も相まって不穏なものを感じてしまったのだろう。

ただ、地域の人の話によれば夏には蛍も飛んでいるとのことで、自然あふれる場所には変わりない。

ホームは砂利の敷かれたものだが、かつて木造駅舎があっただろうコンクリート基礎が大きく残っていて、その上にちょこんと貨車駅舎が佇んでいる。駅の乗降に関わらない部分には雑草が生い茂っていて、これが一層の秘境感をあおる。

駅舎の外観はボロボロだが、室内は整頓されている。経年の汚れはあるものの不潔な感じは一切ない。掲示物も最低限のものになっており、落ち着ける空間だ。

歌内周辺は一層の過疎化が進んでいるとのことで、近くにあった神社が閉じてしまったほか、駅前にあった商店も閉店。さらにそこに唯一残った自動販売機（夏場のみ営業。地元の人曰く、秘境駅マニアの人たちが『歌内カフェ』と呼んでいたとか）も撤去されてしまったという。

下沼どころじゃない秘境感のある駅の唯一のスポットと言えるのは、駅から500 mほど西へ歩いたところにある天塩川。厳冬期には川全体が凍りついてしまう。それが春先になると解けだした水により、ダイナミックに氷が割られて流れていくという解氷現象が見られる。

さてこの歌内、2022年の春には廃止が予定されている。さびた駅舎もこれが見納めになるのかもしれない。

雰囲気

高い木、藪、雑草と打ち捨てられている感が半端ない

駅舎を出て目の前。知らずに降りたら途方にくれます

周辺案内

歌内橋から眺める天塩川。冬には氷に閉ざされる

歌内カフェがあった商店跡

昔の姿

開業時は宇戸内という駅名で、1951年に改称。写真は1983年

1989年の駅舎は東北新幹線カラーだ。後にブルーに塗装変更された

駅を出るC55旅客列車（1975年）。交換駅でもある中規模な駅だった

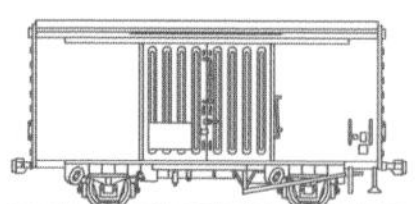

05

路線●宗谷本線（JR北海道）
開業●1922年11月8日
貨車駅舎化●1986年頃
貨車形式●ヨ3500

時刻表

稚内方面〈下り〉	時刻	旭川方面〈上り〉
41	5	
	6	
	7	33
	8	
16	9	
	10	
	11	
	12	
	13	01
	14	
	15	
	16	
09	17	
	18	
	19	
	20	35
	21	
	22	
	23	

駅案内

線路の石で応援!?

筬島駅

(おさしま)

色はややブロンズがかったシルバーで高級感。

駅舎モデル:ヨ3500形

ここも砂利スロープ ちょっぴりアスファルト

廃止候補駅の1つであるが、村をあげたふるさと納税で駅の存続を続けようと奮闘している。

駅舎は勇知、問寒別と同様の更新がされていて、外装も近代的なコルゲートに。

ここ音威子府村のふるさと納税、その返礼品のひとつに「線路の石」というのがあって興味深い。

チラシの写真を見ると、バラストにしては光沢があって丸い。

きっと地元有志の真心で硬い石も丸くなったのだと推測!

みんなで石を手に、この駅を応援しよう!

くわしくは音威子府村ホームページで!

庇の下に

出入口の照明は、なんだか少し懐かしいタイプの器具である。

友だちんち行くと玄関にだいたいコレがついてた。

掲示物は最小限。近くの「エコミュージアムおさしまセンター」への案内がある。

この地を愛し移り住んだという現代彫刻家、故・砂澤ビッキのアトリエがあるそうな。

そんな大自然とアートにインスパイアされたアーティストの卵がこの村を訪れるのかもしれない…。

ホウキとチリトリ

線路の石チラシ

トイレはまあまあきれい

無造作に置かれた小学校で使われるようなイス…。

すごく丈夫そう

開かない扉の中は…

きっと砂澤ビッキの未公開作品がここに眠っているのではないだろうか…
大胆にして繊細、原始的にしてモダンな独特な作風の数々に一度は触れてみたい。

こちらには蜘蛛の巣が多め?

雰囲気

ホームは砂地という印象。花壇があるなど整然としている

空の広い駅前。平地と山が目立つ

『北海道命名の地』の碑。すぐ目の前は天塩川の河原

筬島小学校の廃校後、砂澤ビッキがアトリエとして使っていた

周辺案内

このような場所を通って進む。クマにも注意

ビッキの作品は屋外にも。これは『オサシマタワー』

コシのある黒い蕎麦で有名な、音威子府駅の一つ隣にある駅。周りは森や林ばかりだが、天塩川と宗谷本線に囲まれた周辺のみ平地になっていて、集落と畑が広がっている。

駅ホームは比較的狭く、砂利というより砂地のホームといった印象だ。駅舎のある方向以外の3方は緑の量も多く、見方によっては森林の中にある駅のよう。ところが駅舎を出れば目の前には平地が広がっていて、見通しがいいから不思議な気分だ。

ここ筬島の駅舎も、勇知などと同じく外装が変更されており、金属製の化粧外装になっている。駅舎内は整頓されているが経年による古さが目立つ感じだ。また駅舎内にトイレが設置されている。

地図上で見ると、民家と畑しかないような感じもする筬島駅周辺だが、見どころが大きく2つある。1つは、『北海道命名の地』の碑があることだ。

駅から出て、天塩川を渡り西へ国道40号線沿いを進むと案内看板がある。ここからは道を外れ林の中を進むことになるのだが……どう見ても徒歩では危険なエリアのため、可能であれば車で行くことをお勧めしたい。ちなみに取材時にはスズメバチに襲われた。砂利道を進むとさっと開けた場所に出るが、その目の前の小高い部分に『北海道命名の地』の碑がある。けれどこの場所で命名されたわけではなく、冒険家の松浦武四郎がこの場所を含む天塩川流域を旅した際に、地元のアイヌの人々から聞いた言葉をもとに命名案が出されたのだという。

昔の姿

木造の頃(1983年)。駅前はしっかり整備されていた

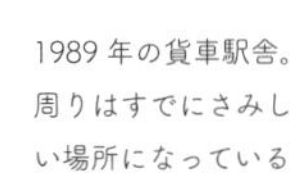

1989年の貨車駅舎。周りはすでにさみしい場所になっている

もう一つのスポットは『エコミュージアムおさしまセンター』。現代彫刻家・砂澤ビッキのアトリエ跡を活用した砂澤ビッキ記念館があり、作品を見ることができる。館内にはカフェも併設されている。また、5～10月の土日祝のみ、音威子府駅とこの場所をコミュニティバスが連絡している。

北海道

智恵文

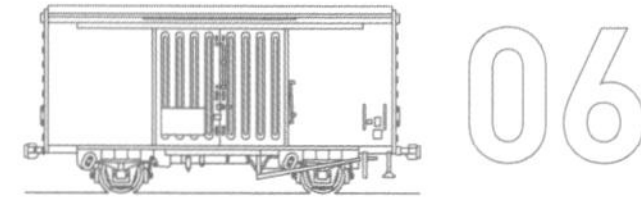

06

路線●宗谷本線（JR北海道）
開業●1911年11月3日
貨車駅舎化●1986年末
貨車形式●ヨ3500

時刻表

稚内方面〈下り〉	時刻	旭川方面〈上り〉
	5	
	6	
	7	28
09	8	30
	9	
	10	
	11	
	12	
	13	
	14	01
15	15	
56	16	
	17	
	18	43
48	19	
	20	
	21	31
	22	
	23	

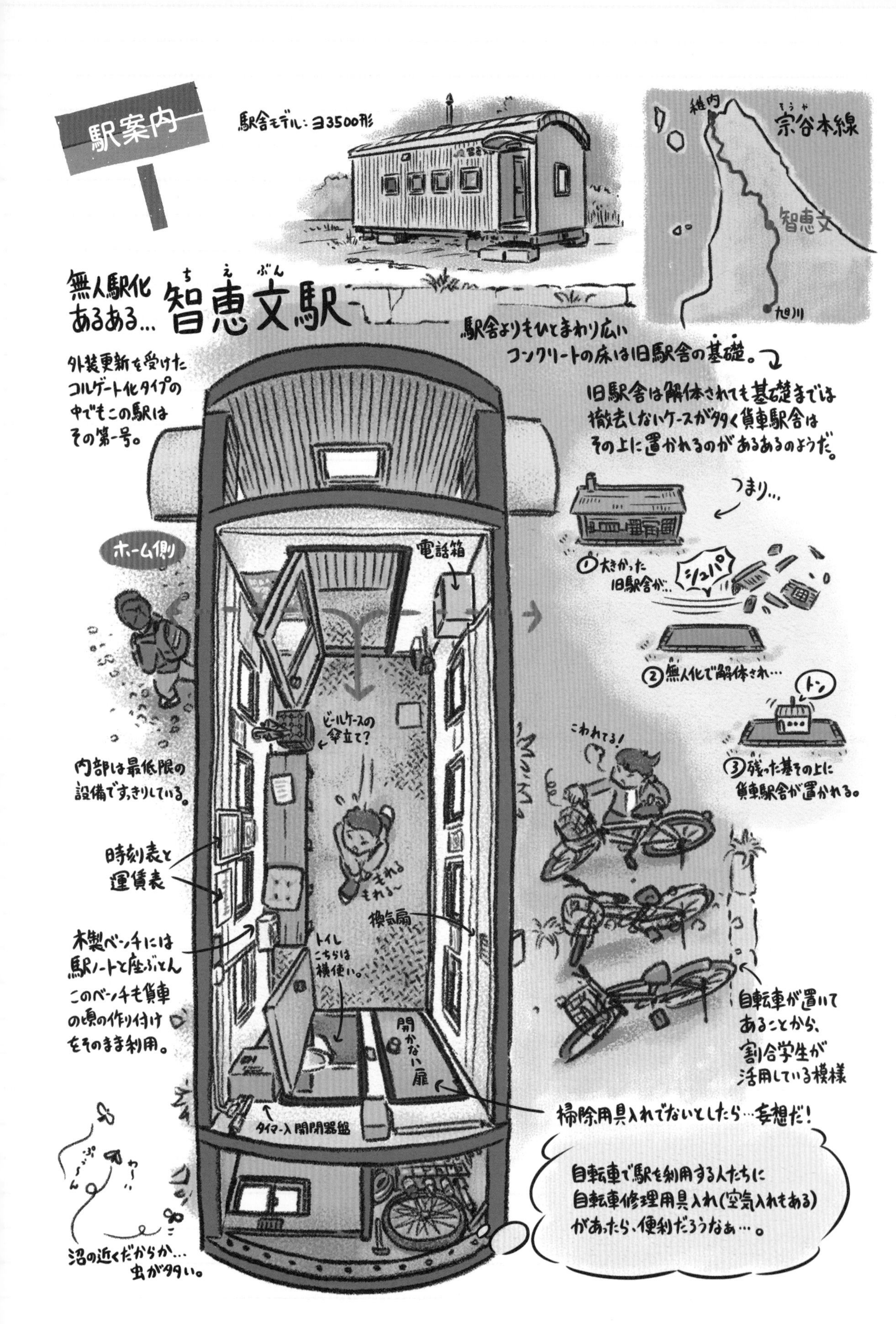

駅案内
駅舎モデル：ヨ3500形
稚内
宗谷本線
智恵文
旭川
無人駅化あるある… 智恵文駅
駅舎よりもひとまわり広いコンクリートの床は旧駅舎の基礎。
旧駅舎は解体されても基礎までは撤去しないケースが多く貨車駅舎はその上に置かれるのがあるあるのようだ。
つまり…
①大きかった旧駅舎が…
シュパ
②無人化で解体され…
トン
③残った基礎の上に貨車駅舎が置かれる。
外装更新を受けたコルゲート化タイプの中でもこの駅はその第一号。
ホーム側
電話箱
ビールケースの傘立て？
内部は最低限の設備ですっきりしている。
時刻表と運賃表
木製ベンチには駅ノートと座ぶとんこのベンチも貨車の頃の作り付けをそのまま利用。
換気扇
トイレ こちらは横使い。
開かない扉
タイマー入開閉器盤
こわれてる！
自転車が置いてあることから、割合学生が活用している模様
掃除用具入れでないとしたら…妄想だ！
自転車で駅を利用する人たちに自転車修理用具入れ（空気入れもある）があったら、便利だろうなぁ…。
沼の近くだからか…虫が多い。

雰囲気

1面1線。東側には林が広がる

駅前は広くとられていて、
見通しがいい

名寄から北に2駅目。ホームの裏はこんもりとした林になっているが、駅を出るとちょっとした集落が広がっている。目の前には広い道があり、ゆるい下り坂で遠く平野を見渡せ、開けた感じのある場所だ。

実際、宗谷本線から東側は山のふもとの森、西側が平野になっており、智恵文駅周辺は少しの住宅地と畑が広がる土地となっている。

駅自体は宗谷本線おなじみの、砂利の敷かれたホームに駅舎がぽつんと乗っかっているような形だが、ここ智恵文ではもともと木造駅舎のあった場所に残されたコンクリートの基礎があり、貨車駅舎はそれに半分乗っかるような形で置かれているため、出入りの際の足元は悪くないのがポイント。

名寄駅に近いためか、利用客はそこそこいるようで、駅前に自転車が置かれていたりする。

ここでの見どころは、駅から徒歩5分圏内にある天塩川と智恵文沼。天塩川は明治～昭和初期には海運に使われていただけあり、幅の広い川なのだが、では智恵文沼とは？

これはもともと天塩川が蛇行していた部分を流路変更で直線化した際、分断された経路が沼として残った河跡沼。3つに分かれるような形で広がっており、東屋などの休憩施設もある。

宗谷本線沿いに智恵文沼まで歩いたら、もう一足伸ばせば智北駅。ここは貨車駅ではないが、物置が待合室になっており、ちょっと面白いスポットだ。もともと仮乗降場だったものがJR化の際に昇格した駅のため、智恵文駅とは2kmほどしか離れていない。

周辺案内

天塩川。写真は天智橋から撮ったもの

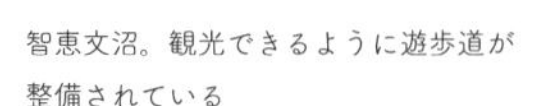

智恵文沼。観光できるように遊歩道が整備されている

智北駅。確かに仮乗降場だったのだろうなと思わせる

昔の姿

雪に埋もれる1983年の木造駅舎。駅舎前には電話ボックスもあった

貨車駅舎になった当初は緑の帯。その後、ひまわり柄にもなった

北海道
大和田
JR

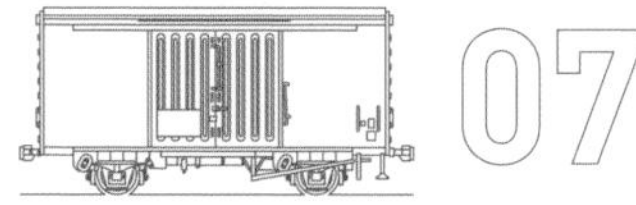
07

路線●留萌本線（JR北海道）
開業●1910年11月23日
貨車駅舎化●1986〜1987年頃
貨車形式●ヨ3500

時刻表

留萌方面〈下り〉	時刻	深川方面〈上り〉
	5	
28	6	54
	7	
48	8	
	9	
	10	
	11	
00	12	25
	13	
18	14	
	15	
	16	24
00	17	
	18	26
02	19	
	20	27
03	21	
	22	
	23	

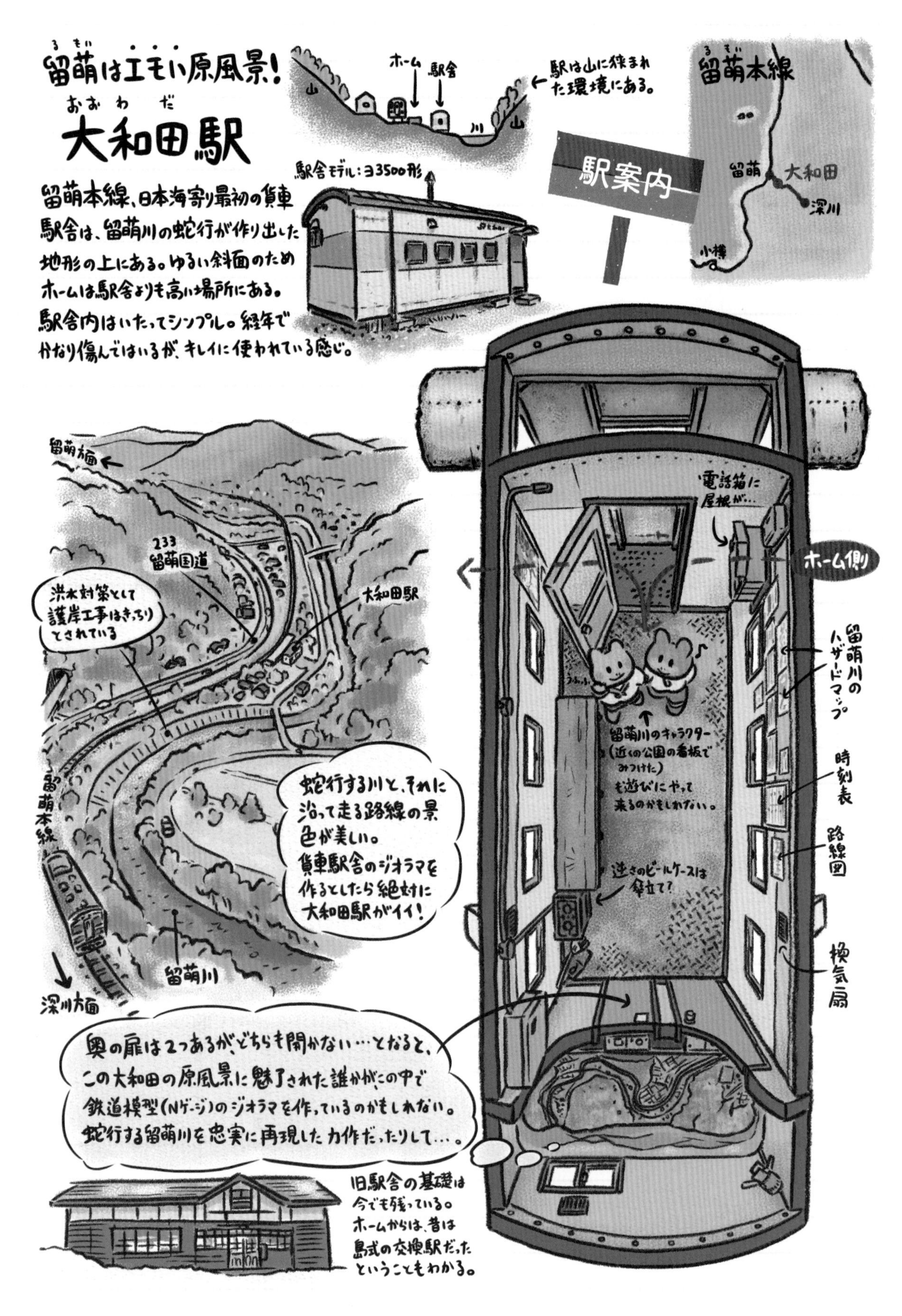
留萌はエモい原風景！
大和田駅
留萌本線、日本海寄り最初の貨車駅舎は、留萌川の蛇行が作り出した地形の上にある。ゆるい斜面のためホームは駅舎よりも高い場所にある。駅舎内はいたってシンプル。経年でかなり傷んではいるが、キレイに使われている感じ。
ホーム
駅舎
山
川
山
駅は山に挟まれた環境にある。
駅舎モデル：ヨ3500形
駅案内
留萌本線
留萌
大和田
深川
小樽
留萌方面
233 留萌国道
洪水対策として護岸工事はきっちりとされている
大和田駅
留萌本線
深川方面
留萌川
蛇行する川と、それに沿って走る路線の景色が美しい。貨車駅舎のジオラマを作るとしたら絶対に大和田駅がイイ！
電話箱に屋根が…
ホーム側
留萌川のハザードマップ
留萌川のキャラクター（近くの公園の看板でみつけた）も遊びにやって来るのかもしれない。
時刻表
路線図
逆さのビールケースは傘立て？
換気扇
奥の扉は2つあるが、どちらも開かない…となると、この大和田の原風景に魅了された誰かがこの中で鉄道模型（Nゲージ）のジオラマを作っているのかもしれない。蛇行する留萌川を忠実に再現した力作だったりして…。
旧駅舎の基礎は今でも残っている。ホームからは、昔は島式の交換駅だったということもわかる。

2016年12月に留萌〜増毛間が廃止となり、車窓から海が消えてしまった留萌本線。一番海に近い終点である留萌駅の一つ隣の駅がここ大和田だ。左右を山に囲まれた谷間にある駅で、沿線にポツポツと民家があること以外、これといって特徴のない駅でもある。

実際に駅に降りて思うのは、「山と草むら……」というシンプルこの上ない感想だけである。もちろんすぐ裏手に民家が見えたりはするのだが、駅周辺のみ自然にがっつりと囲まれている感がある。かといって自然に畏怖するような感じでもなく、駅としての雰囲気は明るい感じでいい。

特徴的なのはホームと駅舎の位置関係だ。実はホームの位置は一段高い場所にあり（北海道の過疎駅にありがちな、おなじみの砂利ホームだ）、駅舎はそこから下がった場所に置かれている。貨車駅舎になったからそうなったわけではなく、木造駅舎の頃からその位置関係は変わっていない。これは、木造駅舎の基礎があった場所に貨車駅舎が置かれているのでよくわかる。こういった位置関係の貨車駅は、現在の北海道では大和田と尾幌だけだ。

もともと大和田は交換駅であったため1面2線の島式ホームだった。かつては手前側に線路があったため、駅舎はホームの高さになかったのだろうと思われる。

近隣には特に目立ったスポットなどはないが、徒歩2分ほどで留萌川に出られる。護岸工事のされた緩やかな流れの川を見ることができる。

雰囲気

広いホーム。かつてホームと駅舎の間にもう1本線路があった

山あいという感想しか出てこない、駅前

周辺案内

駅から南へ徒歩2分にある橋から眺められる留萌川

こちらは駅から北へ徒歩5分の河畔緑地公園。留萌川に架かる留萌本線が見える

昔の姿

大和田は1950年代頃まで炭砿で栄えており、駅も交換駅だった。写真の木造駅舎は1983年のもの

1998年の写真。自転車の利用客がいたことがわかる

北海道

幌糠

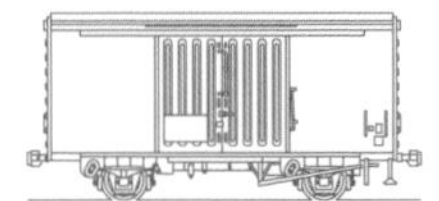

路線●留萌本線（JR北海道）
開業●1910年11月23日
貨車駅舎化●1986～1987年頃
貨車形式●ヨ3500

時刻表

留萌方面〈下り〉	時刻	深川方面〈上り〉
	5	
	6	
	7	05
37	8	
	9	19
	10	
49	11	
	12	36
	13	
07	14	
	15	
49	16	35
	17	
51	18	37
	19	
52	20	38
	21	
	22	
	23	

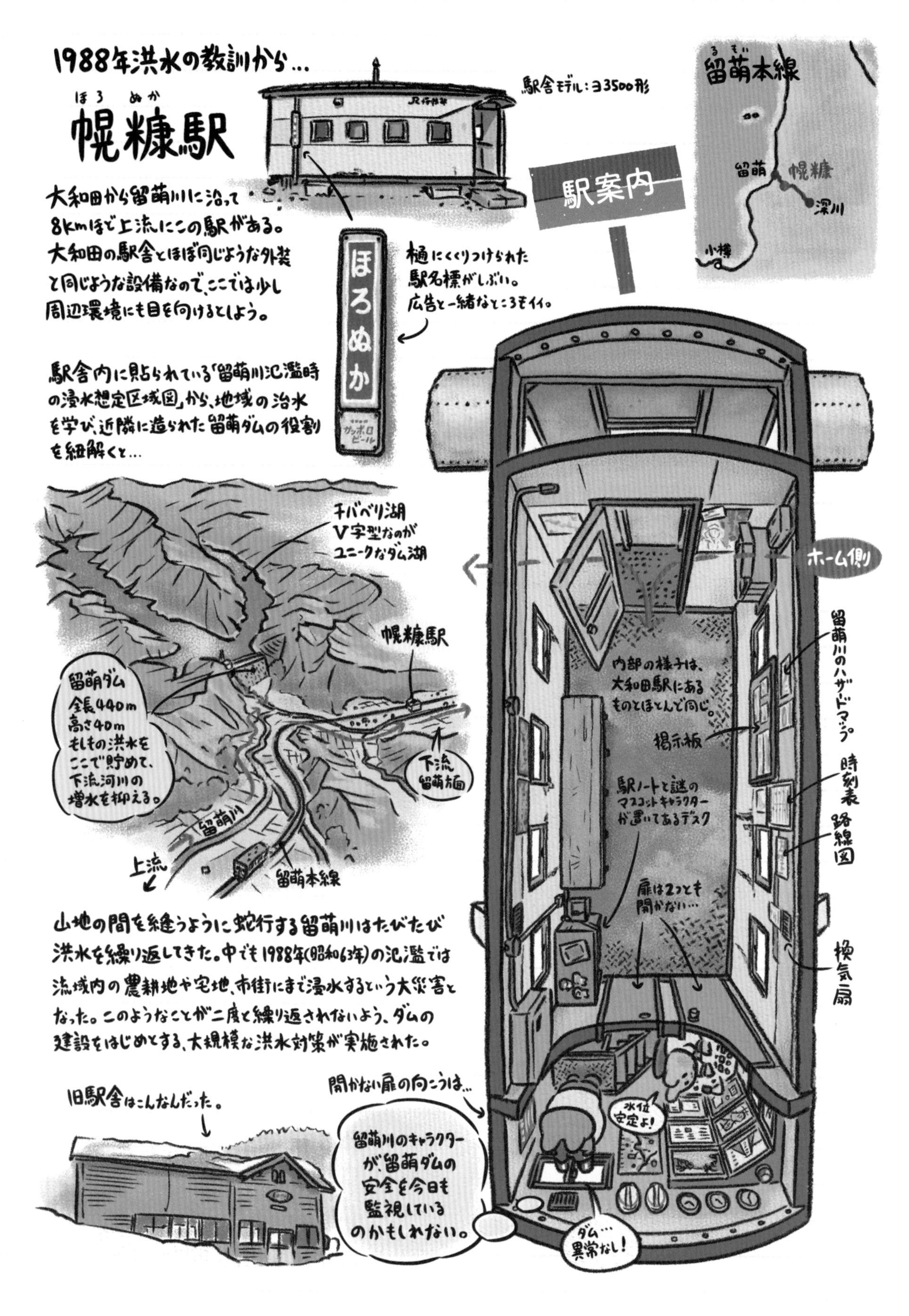
1988年洪水の教訓から…
ほろぬか
幌糠駅
駅舎モデル：ヨ3500形
留萌本線
るもい
留萌
幌糠
深川
小樽
駅案内
大和田から留萌川に沿って8kmほど上流にこの駅がある。大和田の駅舎とほぼ同じような外装と同じような設備なので、ここでは少し周辺環境にも目を向けるとしよう。
ほろぬか
サッポロビール
樋にくくりつけられた駅名標がしぶい。広告と一緒なところもイイ。
駅舎内に貼られている「留萌川氾濫時の浸水想定区域図」から、地域の治水を学び、近隣に造られた留萌ダムの役割を紐解くと…
チバベリ湖
V字型なのがユニークなダム湖
幌糠駅
留萌ダム
全長440m
高さ40m
もしもの洪水をここで貯めて、下流河川の増水を抑える。
下流
留萌方面
留萌川
上流
留萌本線
ホーム側
内部の様子は、大和田駅にあるものとほとんど同じ。
留萌川のハザードマップ
掲示板
時刻表
駅ノートと謎のマスコットキャラクターが置いてあるデスク
路線図
扉は2つとも開かない…
換気扇
山地の間を縫うように蛇行する留萌川はたびたび洪水を繰り返してきた。中でも1988年(昭和63年)の氾濫では流域内の農耕地や宅地、市街にまで浸水するという大災害となった。このようなことが二度と繰り返されないよう、ダムの建設をはじめとする、大規模な洪水対策が実施された。
開かない扉の向こうは…
水位安定よ!
旧駅舎はこんなんだった。
留萌川のキャラクターが、留萌ダムの安全を今日も監視しているのかもしれない。
ダム…異常なし!

雰囲気

広く見えるが実はそんなに
広くないホーム

駅前は広い駐車場状態

チバベリ湖は景観もよく、散歩にピッタリ

周辺案内

留萌ダム本体。ロックフィル
型で長さ 440m、高さ 40m

ダム全景。堤頂の道
路が湖畔脇の道路の
ように見える

ダムの上から駅方面
を見下ろした風景

昔の姿

1983 年当時の幌糠駅。簡易役場の雰囲気

1998 年の写真。現在とほぼ
変わらない雰囲気だった

大和田と同じく自然いっぱいの駅が続いたかと思いきや、集落の中にある駅です。線路の西側こそ森が広がっていて自然感たっぷりですが、駅舎を出ると目の前はもう民家です。なんなら駅の敷地と、民家の家庭菜園の境目が分からないほどに目の前！　しかも国道と高速も通っています。

とはいえカフェなどはなく住宅や事務所ばかりなので、準備なく降りてしまうとちょっと困ったことになりそうな駅でもある。

ホームはおなじみの砂利仕様だが、駅舎周辺は木造駅舎時代の基礎が残されているため足元は盤石。駅舎内は経年の古さは目立つが、整頓されている。かつてトイレがあった場所は封印されていて開かない。なにしろドアノブが取り外されているほどだ。

駅周辺のスポットは、南に 1.5km ほどの場所にある留萌ダムだ。1988 年の留萌川の氾濫によって流域に大きな被害をもたらしたことが契機となり、治水の目的で作られたもの。実際に訪れてみると「ダム」という名前から連想されるような巨大建造物の様相はないのが不思議だ。駅からも大した高低差がないまま、着いてしまう印象。ダム湖であるチバベリ湖の湖畔には付替道路が設けられているため散策できるが、ぐるりと回れるようにはできておらず突然行き止まりになる。ダムカードはもちろんもらえる。

北海道

恵比島

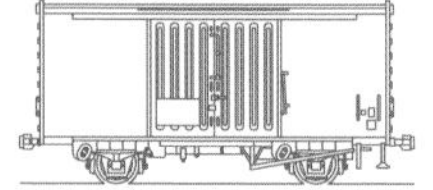

09

路線●留萌本線（JR北海道）
開業●1910年11月23日
貨車駅舎化●1986年末
貨車形式●ヨ3500

時刻表

留萌方面〈下り〉	時刻	深川方面〈上り〉
	5	
	6	19
	7	20
21	8	
	9	35
	10	
33	11	
	12	51
51	13	
	14	
	15	
33	16	51
	17	
35	18	53
	19	
36	20	54
	21	
	22	
	23	

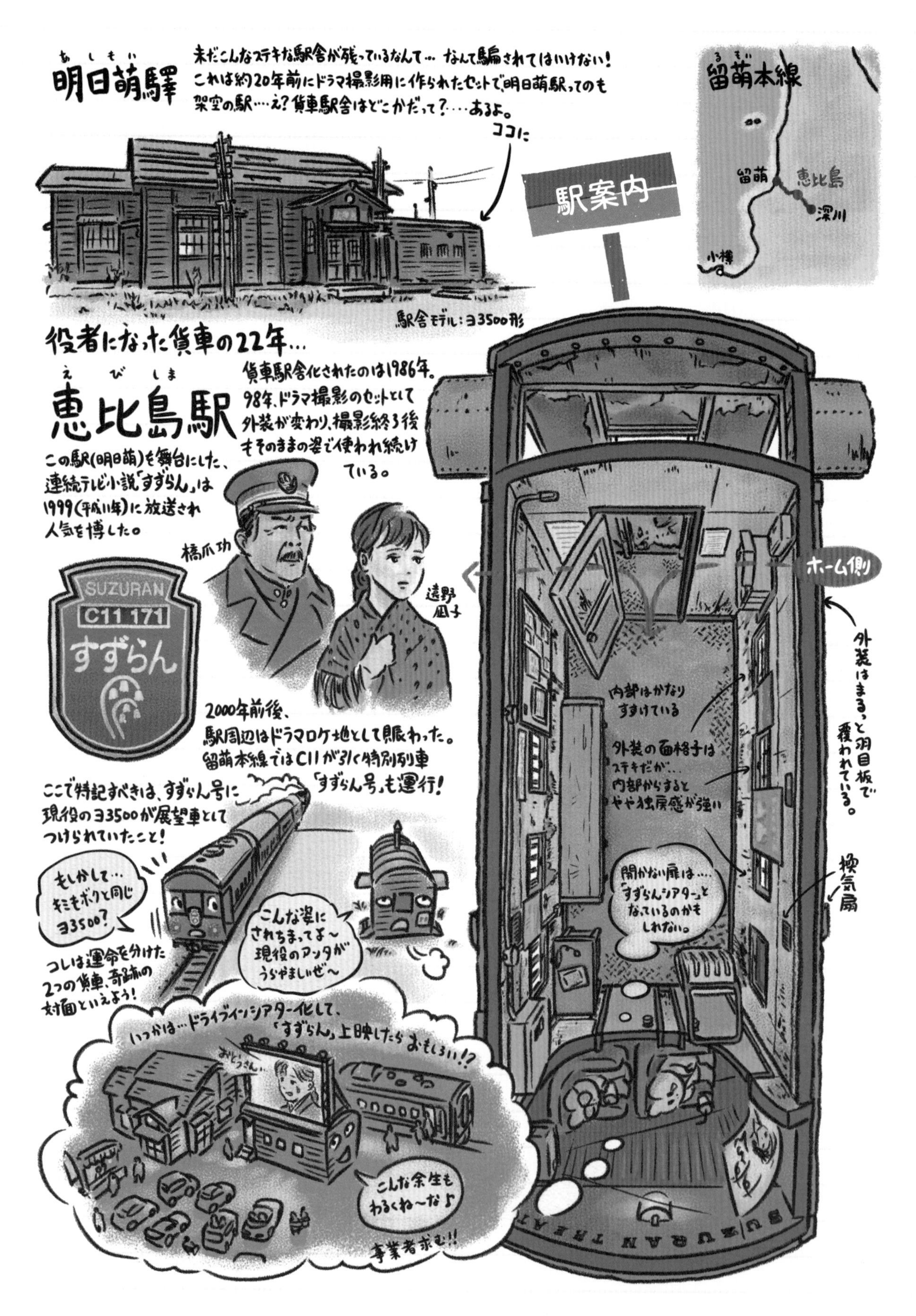
明日萌驛（あしもい）
未だこんなステキな駅舎が残っているなんて… なんて騙されてはいけない！
これは約20年前にドラマ撮影用に作られたセットで、明日萌駅ってのも
架空の駅…え？貨車駅舎はどこかだって？…あるよ。
ココに
駅舎モデル：ヨ3500形
留萌本線（るもい）
留萌
恵比島
深川
小樽
駅案内
役者になった貨車の22年…
恵比島駅（えびしま）
貨車駅舎化されたのは1986年。
98年、ドラマ撮影のセットとして
外装が変わり、撮影終了後
もそのままの姿で使われ続けている。
この駅（明日萌）を舞台にした、
連続テレビ小説「すずらん」は
1999（平成11年）に放送され
人気を博した。
橋爪功
遠野凪子
SUZURAN
C11 171
すずらん
2000年前後、
駅周辺はドラマロケ地として賑わった。
留萌本線ではC11が引く特別列車
「すずらん号」も運行！
ここで特記すべきは、すずらん号に
現役のヨ3500が展望車としてつけられていたこと！
もしかして…
キミもボクと同じ
ヨ3500？
こんな姿に
されちまってよ～
現役のアンタが
うらやましいぜ～
コレは運命を分けた
2つの貨車、奇跡の
対面といえよう！
いつかは…ドライブイン・シアター化して、
「すずらん」上映したらおもしろい!?
おとうさん…
こんな余生も
わるくね～な♪
事業者求む!!
ホーム側
外装はまるっと羽目板で覆われている。
内部はかなりすすけている
外装の面格子はステキだが…
内部からすると
やや独房感が強い
開かない扉は…
「すずらんシアター」と
なっているのかも
しれない。
換気扇
SUZURAN THEATER

平原の中のホームといった印象。コンクリートで敷設されている

雰囲気

広く大きい道とまばらな建物で、どこかさみしげな印象

立派な木造駅舎があるのに貨車駅舎ってどういうこと？と一瞬混乱してしまいそうになる駅が恵比島だ。この木造駅舎はJR北海道の駅舎ではない。1999年に放映されたNHKの朝の連続テレビ小説『すずらん』で使われた、明日萌駅のオープンセットなのである。建てられてからすでに20年以上が経過してるが、定期的にメンテナンスされて現在に至っている。駅舎ではないため、中には立ち入れない。

本来の貨車駅舎は、このセットに合わせて外観を古材で覆われ、付属物のようになって今に至っている。そのうえ窓の前を桟が覆ったりしているため、駅舎内は日光が入りづらく昼間でも薄暗い。

石狩平野の北端に建つ駅で、周辺には畑や荒れ地が多く民家もまばらだ。ちょっと寂しいような印象も受けるが、かつては留萠鉄道との分岐駅であったため、元の駅舎は大きなものでホームには跨線橋もあった。

駅周辺のスポットは『すずらん』関連の建物。駅を出てすぐの交差点に『中村旅館』と書かれた木造建造物があるが、これもオープンセットだ。

もう一つは、炭砿関連。留萠鉄道の痕跡がわずかであるが残されているほか、実は今も駅のすぐ横に石炭を取り扱っている施設がある。これらを眺めつつ、ありし日の留萠鉄道に思いをはせるのもいいかもしれない。

明日萌駅

1999年当時の明日萌駅。ポストやベンチがある

こちらは現在の姿。電柱や外装などが微妙に変わっていっているのがわかる

中には入れないが、木製のラッチなどもあり、ぱっと見こっちが本物の駅のよう

明治鉱業昭和炭礦で使われていたクラウス 15 号蒸気機関車

炭砿の名残

明治鉱業昭和炭礦などから恵比島を経由して、留萌本線に運ぶために作られたのが留萠鉄道で、本社は恵比島にあった。かつての路線は、北西にあるホロピリ湖方面に向かう道道 867 号線に沿うように敷設されていた

炭砿から石炭を乗せた列車が運行されていた

道道 867 号線沿線にある『ほろしん温泉』。ここには留萠鉄道などで使われていたクラウス 15 号が保存・展示されている

恵比島駅の近くには留萌雨竜炭田の痕跡がある。駅近くの道道867号線にある踏切は、昭和炭礦と恵比島を結ぶ道の踏切であった

駅のすぐ隣にある奈井江開発は、露天掘りの石炭の貯蔵施設。ここに来る石炭は同じ留萌雨竜炭田のひとつ、吉住炭鉱のもので、現在も石炭と関連する施設が駅の隣にあるのは、かつての炭砿路線をほうふつとさせる

昔の姿

本物の木造駅舎だった頃の恵比島。しかしこの2代目駅舎は建造されて20年で解体され、貨車駅舎となった

留萠鉄道が乗り入れていたころの駅ホームの様子。旅客列車の向こうに石炭を積んだ貨車が見える

外装を覆われる前の貨車駅舎の姿（1998年）

明日萌駅のセットの一部と化した時の駅舎。現在と外装のデザインが異なっている

北海道

美留和

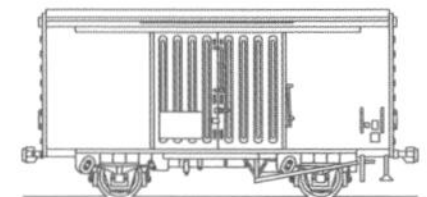

路線●釧網本線（JR北海道）
開業●1930年8月20日
貨車駅舎化●1986年11月
貨車形式●ヨ3500

時刻表

網走方面〈下り〉	時刻	釧路方面〈上り〉
	5	
	6	28
35	7	
	8	24
	9	
20	10	
	11	
	12	08
	13	
	14	
40	15	
	16	
31	17	09
	18	23
	19	
19	20	46
	21	
	22	
	23	

駅案内

愛されて90年！
美留和(びるわ)駅

とにかくきれいに保たれている。外装に描かれているイラストは、近隣の小学校の生徒によるもの。

摩周湖を含む日本一大きなカルデラ(屈斜路(くっしゃろ)カルデラ)の中にある駅。

貨車駅舎化されたのは1986年これまでに幾度かの外装リニューアルを経て駅舎は美観を保っている。

2000年、美留和小によるデザイン

↓

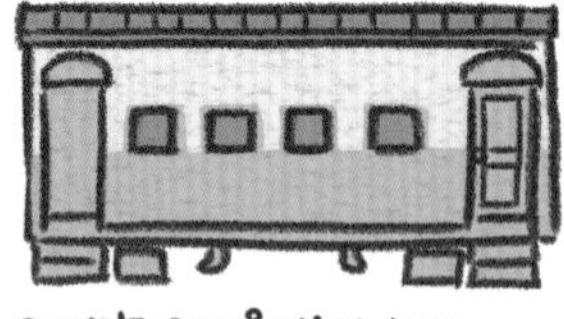

2015年、シンプルなツートンに…

↓

2019年、再び子供たちのデザインに

↓

2020年に90周年を迎え、クマとリスが追加された。

森の中にある駅といった風情

雰囲気

駅前の道もやはり
森の中の雰囲気

釧網本線に唯一残された貨車駅舎。かつては、南弟子屈、五十石も貨車駅舎だったのだが、いずれも駅ごと廃止となってしまった。

美留和は、森の中にたたずんでいるという趣の駅だ。鬱蒼と茂った森というよりは、木々に囲まれているといったくらいだが、どこを見ても木ばかりだ。駅舎を出るとまっすぐに続く道が見えるが、その道路沿いにも木が見えており、奥には山といった景観だ。

まばらな砂利と土砂が敷かれた簡素なホームはこれまでの貨車駅とあまり変わらないが、駅舎を通らないとホームへ出入りができないように駅舎の横に柵が設けられているところが大きく異なっている。

また、駅舎の外も中もとてもきれい。これは毎日掃除がなされているためで、無人駅としてはとても珍しい。駅舎の柄は左のイラストにも描かれている通り、美留和小学校の児童たちの手によるものだが、地域全体で駅を大切にしている様子がうかがえる。

美留和駅の周辺スポット……周辺とは言い切りづらいが、東に3km行くと摩周湖、西に5km行くと屈斜路湖という、有名な湖に近い駅でもある（いずれも直線距離でだが）。正直徒歩で向かう場所ではないのだが、近隣に訪れた際にはなにがしかの手段で訪ねておきたい場所ではある（ちなみにいずれも1つ手前の摩周駅からバスが出ている）。

駅近隣のオススメとしては、4月下旬～10月下旬のみ営業している『カフェ うりむぅ』。実はここ北海道には生息していない、イノシシのジビエを出すお店だ。店主がもともと兵庫の出身で、11月15日～3月15日は丹波の山で狩猟をしており、そこで獲れたイノシシ肉を提供している。狩猟から解体までを店主が行っているため、一番おいしいお肉を食べられるという。

周辺案内

列車を降りるとまず目につくのが駅舎前に設えられたハート形の花壇。郵便局長が丹精に世話をしている

駅から国道391号線に出て南へ600mほどの場所にうりむぅはある。おすすめは「丹波の山の幸セット」だとか

駅から徒歩1分ほどにある美留和郵便局

摩周湖。景色を一望できる展望台は、実は山の稜線にあるというなかなかすごいロケーション。おだやかな感じの写真だが、実は急峻な崖の上から見下ろしている。写真は摩周第３展望台からのもの

屈斜路湖から流れ出ている釧路川を美留和橋から撮ったもの。屈斜路湖から釧路湿原を通って釧路港に抜けるカヌーアクティビティを行う人も多い

駅を出て国道 391 号線沿いに北へ 200 m ほど進んだ場所にある『摩周湖の伏流水』。自噴井戸になっており、硬度 45.7 の水が湧き出ている

屈斜路湖の南端近くにある野天湯『コタン温泉』。目の前ほんと直ぐに屈斜路湖という絶好のロケーションで温泉に浸かれる

屈斜路湖の東側からの景色。岸辺の砂を掘ると50度ぐらいの湯がしみ出しており、『砂湯』の案内が立っている

昔の姿

かつて木材の搬出で賑わっていた頃の木造駅舎。写真は1982年

貨車駅舎当初の図柄は摩周岳と摩周湖だった。写真は1989年のもの

北海道

西和田

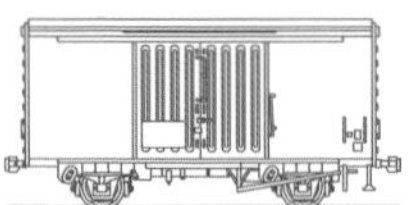

11

路線●根室本線（JR北海道）
開業●1920年11月10日
貨車駅舎化●1986年11月11日
貨車形式●ヨ3500

時刻表

根室方面〈下り〉	時刻	釧路方面〈上り〉
	5	43
	6	
49	7	
	8	35
	9	
38	10	
	11	14
	12	
	13	44
	14	
	15	
	16	23
	17	
38	18	
	19	16
	20	
27	21	
	22	
	23	

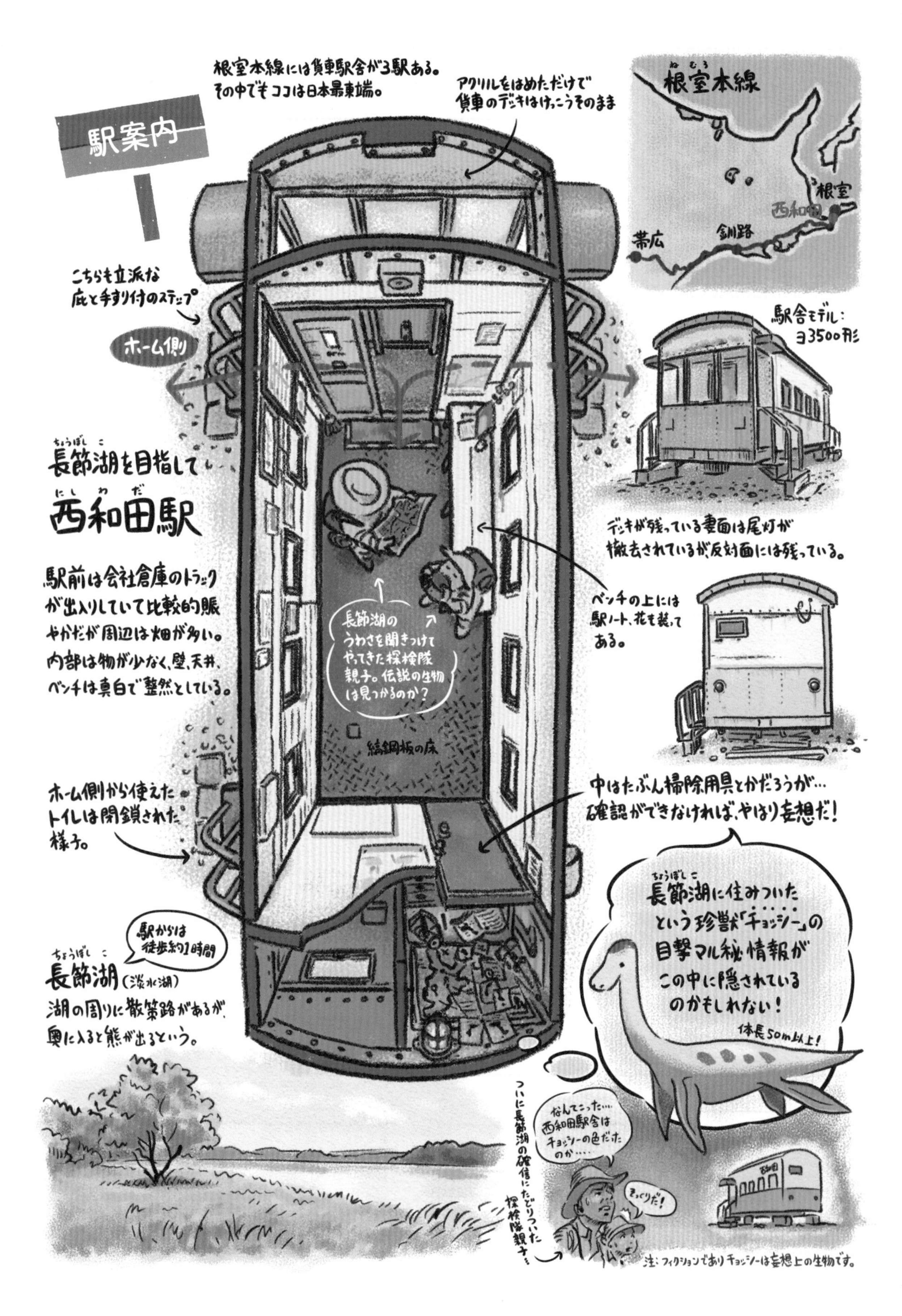

駅案内
根室本線には貨車駅舎が3駅ある。
その中でもココは日本最東端。
アクリルをはめただけで
貨車のデッキはけっこうそのまま
根室本線
根室
西和田
釧路
帯広
こちらも立派な
庇と手すり付のステップ
ホーム側
駅舎モデル：
ヨ3500形
長節湖を目指して
西和田駅
デッキが残っている妻面は尾灯が
撤去されているが、反対面には残っている。
駅前は会社倉庫のトラック
が出入りしていて比較的賑
やかだが周辺は畑が多い。
内部は物が少なく、壁、天井、
ベンチは真白で整然としている。
長節湖の
うわさを聞きつけて
やってきた探検隊
親子。伝説の生物
は見つかるのか？
ベンチの上には
駅ノート、花も装ってある。
縞鋼板の床
ホーム側から使えた
トイレは閉鎖された
様子。
中はたぶん掃除用具とかだろうが…
確認ができなければ、やはり妄想だ！
長節湖に住みついた
という珍獣「チョッシー」の
目撃マル秘情報が
この中に隠されている
のかもしれない！
体長50m以上！
駅からは
徒歩約1時間
長節湖（淡水湖）
湖の周りに散策路があるが、
奥に入ると熊が出るという。
ついに長節湖の確信にたどりついた
探検隊親子…
なんてこった…
西和田駅舎は
チョッシーの色だった
のか……
そっくりだ！
注：フィクションでありチョッシーは妄想上の生物です。

木の電柱と、縦の駅名標が目立つホーム

雰囲気

木の奥に見えるのがトーホー工業

長節小沼と海岸を一望できる。ヨーロッパ風な景色

周辺案内

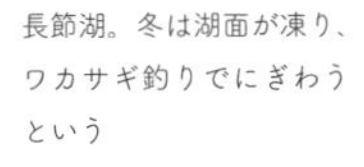

長節湖。冬は湖面が凍り、ワカサギ釣りでにぎわうという

和田屯田兵村の被服庫。見学は『根室市歴史と自然の資料館』に連絡を

海へと向かう坂道。海上に浮かぶモユルリ島がはっきりと見える

貨車駅舎の中で、日本最東端にある駅がここ西和田だ。砂地の小さなホームに、木の電柱が立っているのが印象的だ。見通しのいい平地に建っており、周辺の大半は牧草地で、駅前に出ると牧場のサイロが見える。

駅のすぐ目の前にあるトーホー工業の建物に頻繁にトラックが出入りしており、割と騒がしい。

西和田が貨車駅舎になったのは1986年11月11日だが、この時同時に、美留和、南弟子屈、花咲、尾幌（おそらく別当賀も）が貨車駅舎へ建て替えとなっていて、使われた貨車はいずれもヨ3500形。ただしまったく同じ仕様というわけでもなさそうで、デッキ部についている庇の形状は共通していない。

歩いて行ける見どころとしては、海の近くにある長節湖、長節小沼だ。長節湖は駅から南へ3kmほどの場所にある湖で、周囲には遊歩道が整備されている。ただし奥に入ると熊が出るという地元の人の話もあるので気をつけたい。長節小沼は、そこから北へ500mほど。より海に近い場所にあるのだが、最寄りの道路からは夏場は生い茂る草で全く見えない。駅から海に向かう坂道の途中で脇に入ると、眼下に長節小沼と海を見下ろせるのでこちらがおすすめだ。

また坂の途中からは、海に浮かぶ真っ平らな島モユルリ島やユルリ島がよく見える。

このほか駅から徒歩1分ほどの場所に、北海道指定有形文化財である『和田屯田兵村の被服庫』がある。明治期に作られた木造建築物であるほか、屯田兵機関の数少ない遺構の一つだ。

昔の姿

木造駅舎だった頃の西和田駅（1983年）

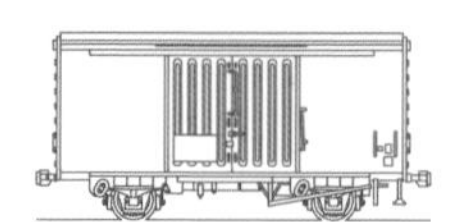

12

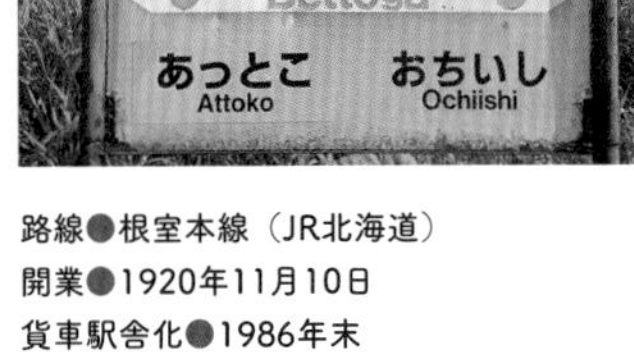

路線●根室本線（JR北海道）
開業●1920年11月10日
貨車駅舎化●1986年末
貨車形式●ヨ3500

時刻表

根室方面〈下り〉	時刻	釧路方面〈上り〉
	5	
	6	05
26	7	
	8	58
	9	
15	10	
	11	35
	12	
	13	
	14	05
24	15	
	16	50
	17	
	18	
	19	40
	20	
03	21	
	22	
	23	

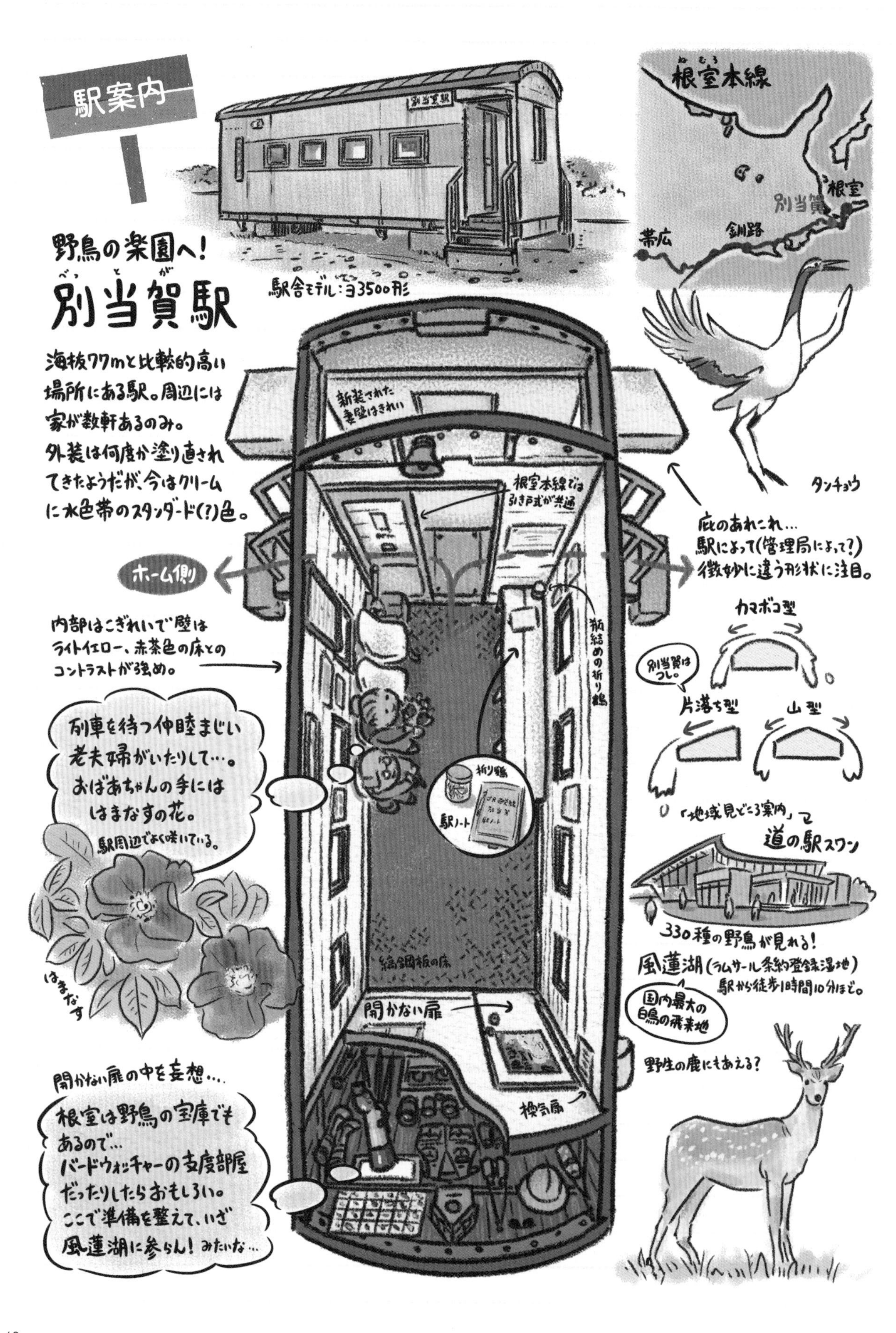
駅案内
別当賀駅
根室本線
根室
別当賀
釧路
帯広
野鳥の楽園へ！
別当賀駅
駅舎モデル：ヨ3500形
海抜77mと比較的高い場所にある駅。周辺には家が数軒あるのみ。外装は何度か塗り直されてきたようだが、今はクリームに水色帯のスタンダード(?)色。
新装された妻壁はきれい
根室本線では引き戸式が共通
タンチョウ
庇のあれこれ…
駅によって(管理局によって?)微妙に違う形状に注目。
ホーム側
カマボコ型
別当賀はコレ。
片落ち型
山型
内部はこぎれいで壁はライトイエロー、赤茶色の床とのコントラストが強め。
瓶詰めの折り鶴
折り鶴
駅ノート
列車を待つ仲睦まじい老夫婦がいたりして…。おばあちゃんの手にははまなすの花。
駅周辺でよく咲いている。
はまなす
「地域見どころ案内」で
道の駅スワン
330種の野鳥が見れる！
風蓮湖(ラムサール条約登録湿地)
駅から徒歩1時間10分ほど。
国内最大の白鳥の飛来地
縞鋼板の床
開かない扉
野生の鹿にもあえる?
開かない扉の中を妄想….
根室は野鳥の宝庫でもあるので…
バードウォッチャーの支度部屋だったりしたらおもしろい。
ここで準備を整えて、いざ風蓮湖に参らん！みたいな…
換気扇

雰囲気

駅前には広い道と、児童公園がある

ぱっと見、西和田と似た印象のホーム

ホームの端にはハマナスが
咲いていた

周囲約 96km と広大な風蓮湖。右に見えるのは湿原と原生林が広がる春国岱という巨大な砂州

別当賀も周囲を牧草地に囲まれた駅だが、こちらのほうが若干木々の多い場所という印象だ。駅の目の前には広い道が通っており、より開けた感じがある。

現在は水色のラインが引かれている駅舎だが、最近までは塗り替えるたびに木や花、魚など様々な絵柄が描かれていた。

駅周辺のスポットといっても、この駅も近隣には何もなく、ちょっと離れた場所になる。1つは、駅から南へ2～3 km の距離にあるフレシマ湿原だ。ただしここは自然保護区となっており、湿原の中を散策するためには別途「根室フットパス 別当賀コース」を取得しなければならない。湿原へはフットパスと違う道もあり、こちらは通行の規制はなく行くことができる。日本野鳥の会が設置した展望台付近は開けた高台になっており、湿原を一望できる。

もう1つは駅から北に4 km ほどにある風蓮湖。根室湾とつながっている汽水湖で、冬には氷の下に小型の定置網を仕掛ける漁が行われる。また、約 330 種類の野鳥を観察できる場所としても有名で、ラムサール条約登録湿地だ。

周辺案内

フレシマ湿原にあるダート道高台付
近から西側を見た風景

このような場所を通って
いくのでクマには注意

昔の姿

かつては列車の交換も行われる駅だったが、今ではその面影もない

北海道

尾幌

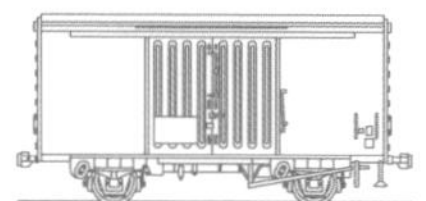

13

路線●根室本線（JR北海道）
開業●1917年12月1日
貨車駅舎化●1986年11月
貨車形式●ヨ3500

時刻表

根室方面〈下り〉	時刻	釧路方面〈上り〉
	5	
	6	54
	7	24
55	8	
	9	
	10	18
	11	
	12	
	13	
05	14	
	15	17
51	16	
	17	
	18	10
36	19	
	20	59
19	21	
50	22	24
	23	

駅案内
駅舎モデル：ヨ3500形
根室本線
根室
帯広
釧路
尾幌
釧路仕様の駅舎は、下に足を履かせて浮いている。
一段リンク式の支え側が残っている。
妻面に尾灯が残っている！
メルヘンキャラがお出迎え
尾幌駅
降り立つと特に何もない印象だが、駅舎外観に描かれたイラストが和やかに迎えてくれる。
庇はカマボコ型。反対側には庇に照明が付いている。
ホーム側
うまい！
地域グルメ案内
イラストからとび出したメルヘン動物キャラたちが誰もいない駅舎で動きまわる様子を思い浮かべてみよう。
内部はかなりすすけていて、うら寂しい雰囲気。外装のイラストと合わせて、そろそろ手入れが必要かも。
塩ベース
牡蠣6つほど入ってる！
駅から近い「大厚食堂」の牡蠣ラーメンはオススメ。
開かない扉だが中はたぶん用具入れ。
ここにもホーム側から利用できるトイレがあったらしいが今は使えない。
ならば勝手におもいっきりメルヘンなトイレだったらと妄想してみる…こんなトイレだったら使ってみたい。
尾灯が残っていると車掌車であったことに説得力が増す。

駅前の景色は草とまばらな
木と家

雰囲気

幅の狭いホーム。
駅名看板がギリギリの場所に
立っている

周辺案内

仙鳳趾漁港。おだやかな港

右手奥に見えるのが漁港にある直売所

仙鳳趾付近から厚岸湾を臨む。右奥が厚岸

ホームの裏手は林、それ以外は草原といった雰囲気の尾幌駅。駅舎を出てもその印象はあまり変わらず、まばらに家が見えるものの草むらのイメージが強い。

とはいえ実際には駅の周りには集落があって、それ以外は牧草地が続いている。根室本線沿線の貨車駅はおおむねそんな趣きがある。

駅の敷地は基本的に線路面と同じ高さのため、ホームのみ列車の高さにかさ上げしてあるというシンプルなつくり。そのためか、ホームの奥行きは2メートルほどと狭めだ。

この駅もかつて木造駅舎があったのだが、その基礎の跡は見当たらない。現在の貨車駅舎は、土の上に高めのコンクリートブロックが置かれ、その上に乗せられている格好だ。他の駅に比べちょっと高めになっているためか、デッキ出入口の階段は、1段分ブロックでサポートされている。

駅舎内の壁や天井は、かつて貨車だった頃の内装がほぼそのまま残されているような印象。木が朽ちてきている感じが味と言えば味だ。

尾幌に来たら寄っておきたいのは、南へ5kmほど行ったところにある仙鳳趾漁港。ここで獲れる牡蠣が美味しい。それというのも山々や別寒辺牛湿原からの栄養素たっぷりの水が厚岸湾に流れ込んでいるため。対岸にある厚岸の牡蠣が有名だが、仙鳳趾も負けていないのである。漁港には直売所もあり、一年中食べることができる。また、駅から徒歩5分ほどにある太厚食堂では、牡蠣ラーメンを食べることもできる。

駅から約1kmにある尾幌分水。尾幌川の氾濫を防ぐために厚岸湾へ注ぐよう、明治期に掘削された

昔の姿

1983年当時の木造駅舎。
現在は基礎もみあたらない

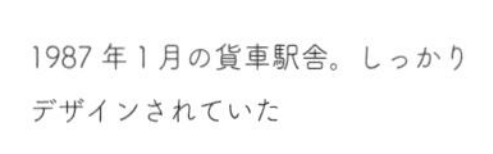

1987年1月の貨車駅舎。しっかり
デザインされていた

北海道

浜厚真

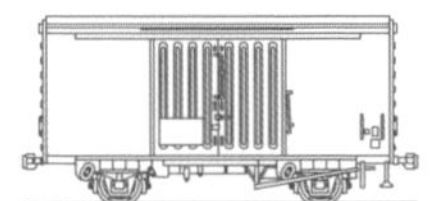

14

路線●日高本線（JR北海道）
開業●1913年10月1日
貨車駅舎化●1987年頃
貨車形式●ヨ3500

時刻表

鵡川方面〈下り〉	時刻	苫小牧方面〈上り〉
	5	
06	6	33
	7	21
13	8	44
	9	
40	10	
	11	07
46	12	
	13	13
54	14	
	15	21
	16	
23	17	58
	18	
37	19	
	20	05
54	21	
	22	
	23	

海を想う貨車駅舎

浜厚真駅（はまあつま）

いよいよ北海道も終盤の日高本線！

駅周辺には特に何もないが、フェリーへのアクセスとして、又は海岸線を走るバイクや自転車ツーリングの休憩所として、ここを利用する人は多いようだ。

駅舎はデッキ両側をそのまま出入口としているのが珍しく、外装はあまり加工をせず、鉄道の改造名盤、札入れ、乗降口の手すり、庇も取付けないなど…かつての緩急車そのままっぽさが至るところに見られる。

内部はシンプルだが明るい白でまとめられていて、どこか海の家っぽい。

フェリーでここへやってくる人の中には本州からの移住者もいるのだとか… 映画「家族」を思い出した私は、ここにも旅の疲れをいやしている移民家族を想像してみた。

フェリー乗り場への案内マップ（徒歩20分くらい）

意外と巨大なフェリーがやってくるこの苫小牧東港！ 苫小牧市街地にある港ではこの巨大フェリーが入れなかったために、少し離れたこちらが玄関口となったそうな。

壁で仕切られた謎の小部屋… う〜ん、またもや妄想力がかきたてられる… もしかしたらボートの操縦室かも!?

続きは右で→

2021年4月、鵡川（むかわ）駅以南の廃線が決まってしまった日高本線…。今後も予測が難しい高波被害に貨車駅舎として役立てることはないか… それはもしものときの水上レスキュー車なのではないだろうか…

道内では波が良くて有名な浜厚真海浜公園もすぐ近く。

雰囲気

さわやかな草原の中にある駅だ

駅前もほぼ障害物はなく開けている

昔の姿

1983 年の浜厚真。駅舎前の松の大きさで時代を感じる

貨車駅舎になって少し後、1989 年の浜厚真

臨港大橋から、厚真川橋梁を捉えられる

周辺案内

砂浜の近くまで車で行けるためバーベキュー利用客も多い

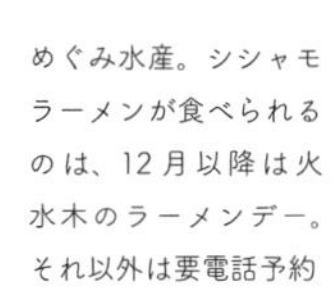

めぐみ水産。シシャモラーメンが食べられるのは、12 月以降は火水木のラーメンデー。それ以外は要電話予約

FORT BY THE COAST。プリンはテイクアウトできる

広い空と草原が気持ちいい。道南の沿岸を走る日高本線に唯一残された貨車駅舎が浜厚真だ。道東の沿岸近くを走る根室本線の各駅も似たような印象があったが、それよりもいっそう開けた感じがある。海まで直線距離で 700 m ほどだからというのもあるだろうか。一方で、ホーム前の草原には鹿が駆けまわっているような光景も見かける。

駅舎には波とサーフボードが描かれているほか、あちこちに浮き上がる錆で海が近いことを感じさせてくれる。駅舎内は経年による木の朽ちはあるものの、きれいで整頓されている。近くにある新日本海フェリーターミナルの利用客がよく利用している駅で、駅ノートには、敦賀、舞鶴、新潟、秋田からの旅行者の声が多く寄せられていた。このほか、ハイクや自転車ツーリングの人が休憩目的で使っているようだ。

おすすめのスポットは、駅から徒歩 5 分ほど。北東に位置する浜厚真野原公園にある『めぐみ水産』のシシャモラーメン。この近辺でしか獲れない本シシャモで出汁の取られたラーメンでとてもうまい。また国道 235 号線沿いに東へ 1 km ほど行ったところにある『FORT BY THE COAST』もおすすめだ。養鶏場の直営ダイナーで、卵や鶏をふんだんに使用したパスタやピザ、プリンが絶品だ。

また駅から西へ 500 m ほどに厚真川があり、川を渡る日高本線の列車が見られるほか、海岸に出れば夏であれば海水浴も楽しめる（トイレやシャワーなどの施設がある）。このほか、浜厚真オフロードパークという施設があるのだが、取材時はやっていなかった。

北海道
二股

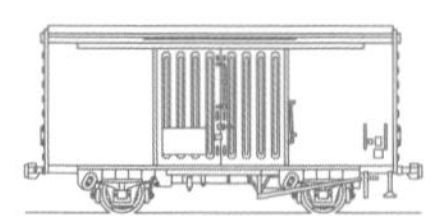

路線●函館本線（JR北海道）
開業●1903年11月3日
貨車駅舎化●1987年1月
貨車形式●ワラ1

時刻表

小樽方面〈下り〉	時刻	長万部方面〈上り〉
	5	
12	6	
	7	49
	8	
	9	
	10	
	11	
	12	
27	13	59
	14	
	15	
47	16	
	17	
	18	23
	19	53
13	20	
	21	
	22	27
	23	

新車種現る!!

二股駅
(ふたまた)

北海道では唯一の、ワラ1形有蓋貨車をベースにした函館本線の駅舎。元々の側面扉部をサッシ戸に改造して出入口としている。きっちりと付け加えた庇と柱、コンクリートの階段が貨車っぽさをかき消している。
両端から上に突き出たポールは、屋根の除雪作業時に使う。

雪おろしは地元の降雪パートナーさんがやってくれている模様。作業はどうかご安全に！

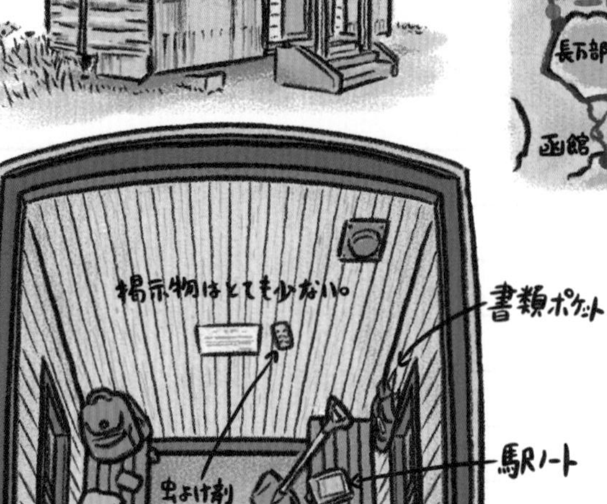

内部はすっきりとした板目の壁材で統一されている。サッシ窓から入る陽射しで昼間は明るい。

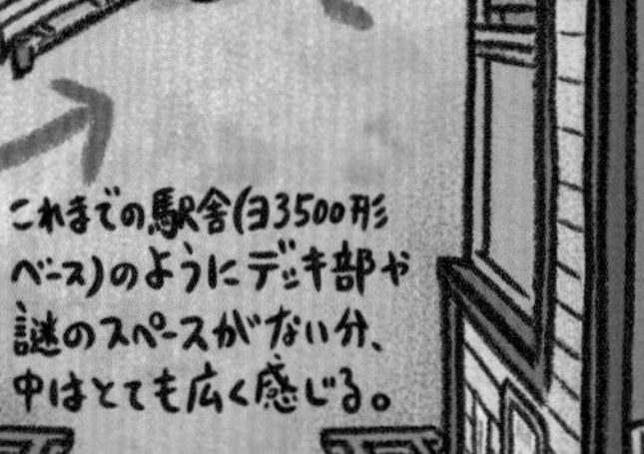

しっかりと作られたコンクリートの階段 立派な庇と柱も付いている。

ホーム側

ホームは柵で仕切られていて、基本的には駅舎を通らなければホームと外の行き来はできない。

ホームにある何らかの建物。通信設備と倉庫のよう…
除雪用具もこの中にあるのかな？

貨車情報…国鉄ワラ1形

1960年代に増えた貨物需要に対応するために開発された2軸有蓋車である。車体を大型化し、輸送力向上に寄与した。

しっかりとしたアスファルト敷きホームの周りに木々が茂る

雰囲気

近くに民家はあるものの木々に囲まれている

周辺案内

温泉へ向かうには道道842号線沿いに山の中を進んでいく。車でないと危険

途中でわき道にそれた先に、二股らぢうむ温泉はある

昔の姿

駅の周りは木ばかり。その向こうに見えるのも山という、緑に囲まれた様相の二股。駅を出るとすぐに民家が見えるが、その周りは木々に囲まれていて奥には山。美留和ほどうずもれている感はないが、山や木に囲まれている駅ではある。

ホームは、北海道の貨車駅にしては珍しくしっかりとアスファルトで舗装されているほか、駅舎を通らないとホームへの出入りができないように柵や鎖で囲まれている。

かつては交換駅で賑わいを見せていたころもあったが、今やその面影はなく、集落の中に埋もれるような形でひっそりと駅舎が佇んでいるのみだ。

駅の周りは民家と牧草地、畑があるのみで商店などは何もない。駅にはトイレなどの施設もないので、準備なしに降りてしまうと頭を抱えることとなる。

最寄りのスポットは、駅から西へ約9km行った先にある『二股らぢうむ温泉』。山の中にある自然湧出の温泉で、炭酸カルシウム成分が高く湯には石灰華が浮かぶ。またこれらが堆積して、石灰華ドームを築いているほど。さらに微量の放射性元素ラドンが含まれており、これらによる温浴効果が期待され、多くの人が湯治に訪れている。日帰り入浴も行っているためぜひ訪れたいところだが、完全に山の中なので、車で行かないと熊が出て危険だという。

1971年の二股駅。駅の周囲にも民家があった。写真はC62形蒸気機関車の炭水車上からのもの

1983年当時の木造駅舎。多くの駅員が詰めていた

1988年の駅舎。入口の庇の形状が現在と異なる

2014年の駅舎。現在のものと同じ形状と配色だ

北海道

中ノ沢

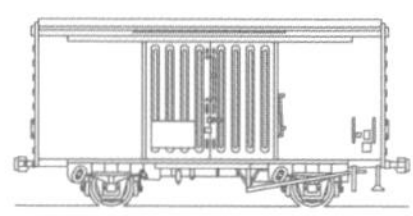

16

路線●函館本線（JR北海道）
開業●1904年10月15日
貨車駅舎化●1987年1月
貨車形式●ヨ3500

時刻表

長万部方面〈下り〉	時刻	函館方面〈上り〉
	5	
	6	33
47	7	
	8	37
	9	
	10	
10	11	
	12	
	13	26
51	14	
	15	
	16	20
47	17	
	18	21
	19	
05	20	
	21	21
14	22	
	23	

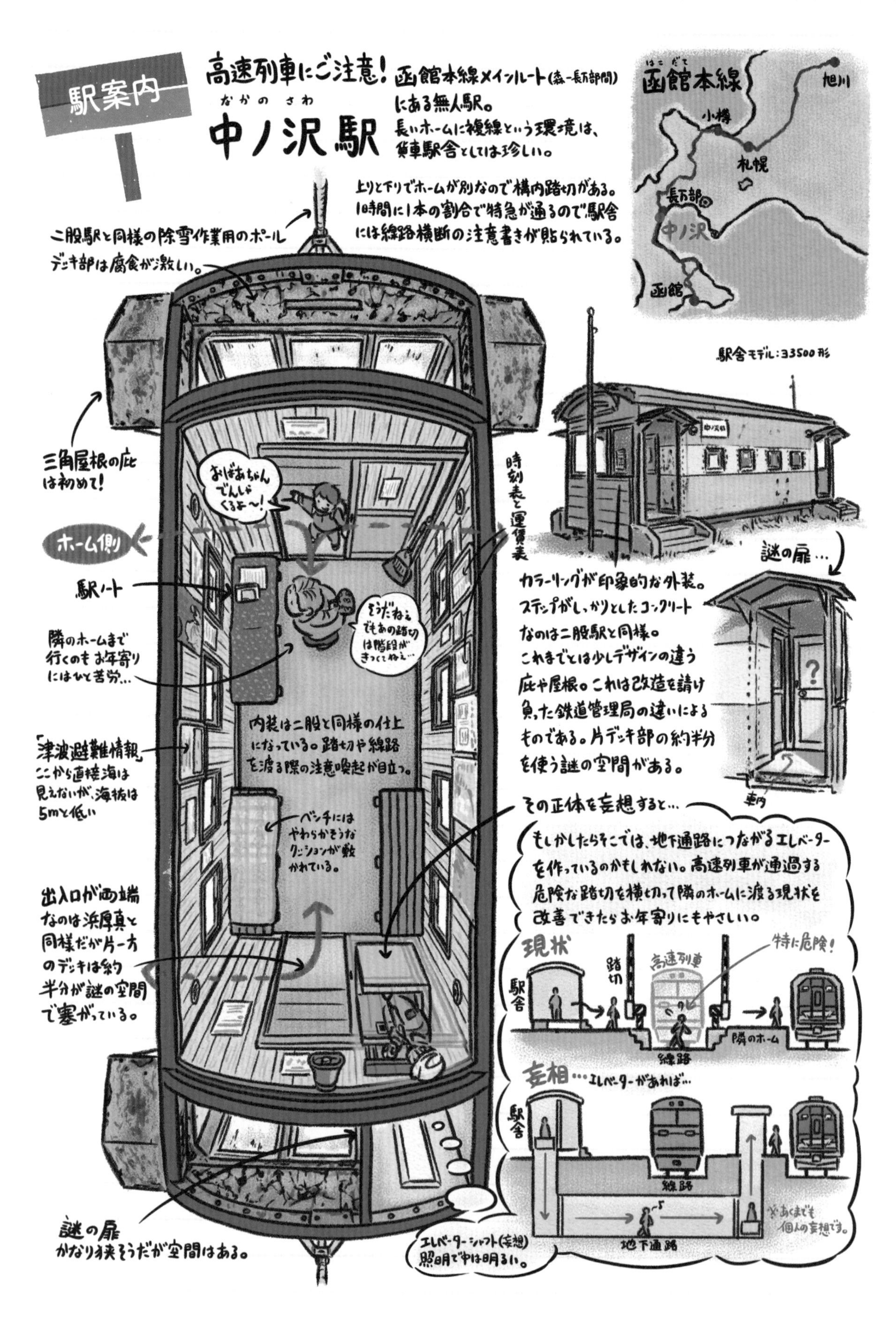
駅案内
高速列車にご注意！
なかのさわ
中ノ沢駅
函館本線メインルート(森-長万部間)にある無人駅。
長いホームに複線という環境は、貨車駅舎としては珍しい。
はこだて
函館本線
旭川
小樽
札幌
長万部
中ノ沢
函館
上りと下りでホームが別なので構内踏切がある。1時間に1本の割合で特急が通るので駅舎には線路横断の注意書きが貼られている。
二股駅と同様の除雪作業用のポール
デッキ部は腐食が激しい。
駅舎モデル：33500形
三角屋根の庇は初めて！
おばあちゃんでんしゃくるよ～！
時刻表と運賃表
ホーム側
駅ノート
そうだねぇ でもあの踏切は階段がきつくてねぇ…
隣のホームまで行くのもお年寄りにはひと苦労…
カラーリングが印象的な外装。ステップがしっかりとしたコンクリートなのは二股駅と同様。これまでとは少しデザインの違う庇や屋根。これは改造を請け負った鉄道管理局の違いによるものである。片デッキ部の約半分を使う謎の空間がある。
謎の扉…
車内
内装は二股と同様の仕上になっている。踏切や線路を渡る際の注意喚起が目立つ。
「津波避難情報」
ここから直接海は見えないが、海抜は5mと低い
ベンチにはやわらかそうなクッションが敷かれている。
その正体を妄想すると…
もしかしたらそこでは、地下通路につながるエレベーターを作っているのかもしれない。高速列車が通過する危険な踏切を横切って隣のホームに渡る現状を改善できたらお年寄りにもやさしい。
出入口が両端なのは浜厚真と同様だが片一方のデッキは約半分が謎の空間で塞がっている。
現状
駅舎
踏切
高速列車
特に危険！
隣のホーム
線路
妄想…エレベーターがあれば…
駅舎
線路
地下通路
※あくまでも個人の妄想です。
謎の扉
かなり狭そうだが空間はある。
エレベーターシャフト(妄想)
照明で中は明るい。

北海道の現役貨車駅の中で、唯一の複線路線にある駅。特急列車が1時間に上下1本ずつの割合で通過するし、貨物列車も行き過ぎていく。貨車駅とは思えないほどホームは広大で2面2線となっており、上りと下りでホームが異なっている。もともとは上下共用の副本線があったためこれだけの規模なのだが、現在は上下各1本となっている。

ホームの周りも駅前も木々に囲まれているので、二股のような谷あいの駅かと思いきや、約500mほど南に行けば海岸に出るという意外な立地が面白い。そう思って改めて駅舎を見ると割と錆が浮いていて、海風の影響を感じさせる。面白いのはデッキ部分のステップがコンクリートでしっかり作られていること。北海道の貨車駅舎でこのようなつくりは、二股と中ノ沢だけだ。駅舎内は、天井や壁、ベンチも綺麗に改装されていた。

中ノ沢の隣の駅は長万部なのだが、長万部駅と言えばかにめしが有名だ。実は長万部と中ノ沢を結ぶ国道5号線のちょうど中間地点にドライブインエリアがあるのだが、そこにはかにめしを提供するお店が建ち並んでいる。長万部のかにめしは、タケノコとともに煮込んでほぐされたカニがご飯の上に敷き詰められているもの。発祥とされる『かなや』をはじめ、『横手商店』『紀の国屋』などが並ぶ。自分好みの味のお店を探すのも楽しい。

駅近くの国道5号線沿いにも注目したいお店がある。新鮮で大きな具材たっぷりの浜ちゃんぽんで有名な『長万部三八商店』、まるでドンキかヴィレヴァンのような陳列で度肝を抜かれる地元のお菓子屋『はっぴーディアーズ』など、中ノ沢は周辺探索も楽しく行える駅だ。

雰囲気

広い敷地内には雑草が茂っている

駅を出てもこんな感じで海の近くと思えない

昔の姿

1983年当時の中ノ沢。駅舎の前まで舗装されている

貨車駅舎になって少し後の1993年。海を想起させるデザイン

周辺案内

地元のお菓子屋『青華堂』の直売店兼工場なのだが、いろいろなメーカーのお菓子も満載

店名より浜ちゃんぽんの看板が目立つ長万部三八商店

こちらは横手商店のかにめし。タケノコとカニの触感、味付けが抜群。付け合わせのノリの佃煮や柴漬けがかにめしによく合う

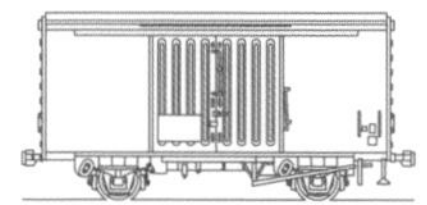

17

路線●函館本線（JR北海道）
開業●1927年12月25日
貨車駅舎化●1988年3月
貨車形式●ワム80000

時刻表

長万部方面〈下り〉	時刻	函館方面〈上り〉
	5	39
	6	13
35	7	
	8	05
	9	
	10	
	11	
	12	
	13	
	14	49
	15	
24	16	13
	17	51
49	18	
	19	
45	20	
	21	00
07	22	
	23	

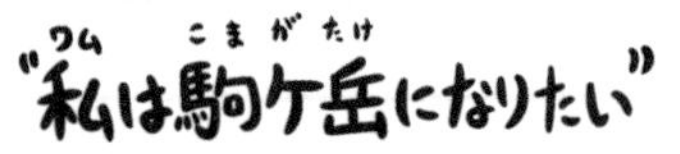

尾白内駅

街中でありながらも藪の中にひっそりと佇むそれはホームの向こう側に何を見つめているのか…？

駅案内

元々は1927年に開業した渡島海岸鉄道の駅。貨車駅舎となったのは、JR北海道に継承後の1988年。

またもや新車種！

外装・内装ともに最近リニューアルされていてきれい。

集中電源装置

駅ノート（ここだけちょっとカウンターぽい）

腰壁を少しふかしている…

えい えい おー！

これから目指す駒ケ岳制覇に決起する3人

ホーム側

出入口はホーム側のみ。

内部はホテルの部屋のようにきれいで明るい。ワム80000は2軸車としては長い約9m。設置物も僅かなのでもったいないくらいに広い。

ワムの鉄鋼フレームを覆っている柱が逆にインテリアとして良い。

サッシ窓は二重になっていない。

ホウキがひとつだけ

庇は両側ともちょっと凝った作りになっている。

除雪用ポール

ワム80000はゆるやかな三角屋根だが、中の天井はフラットにしてある。

駅舎モデル：ワム80000形

ここにも除雪作業用のポール

床レベルをホーム高に合わせるための鉄骨台が組まれている。

貨車情報…

国鉄
ワム80000形

日本の鉄道史上最多となる約2万7千両が製造され、国鉄貨車の標準型となった。

二段リンク式で最高速度は75km/h

ホーム先の茂みの向こうには雄大な駒ケ岳が見えるそう…駅舎となった貨車（ワム）は長年この景色を見守ってきたに違いない。描かれた白帯と2つの三角屋根（庇）は、どこか駒ケ岳の形にも似ている….

私も生まれかわったら駒ケ岳みたいになれるかな…？

雰囲気

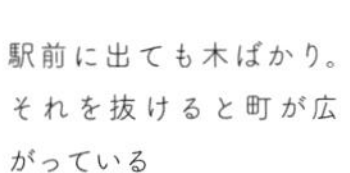

駅前に出ても木ばかり。それを抜けると町が広がっている

駅舎はホームに置かれているようで、持ち上げられている面白さ

尾白内も下沼のように背の高い木々に周辺が囲まれている駅だ。そのうえ駅舎の色が、深い緑のため周囲に溶け込んでいる。

またもや森の一角にある駅なのか、と思うと違うのである。実は駅周辺だけが木々に囲われており、北へ200ｍも行けば海なのである。約1.5km先にある森漁港から水揚げされた海の幸を加工する会社が林立する町の一角に、尾白内駅があるのだ。

ホームは二股駅同様舗装されたアスファルトが敷かれているが、駅舎が置かれているのは実はホーム上ではない。ホームから一段下がった駅前広場から、ホームの高さに駅舎を持ち上げる形で設置されている。なぜこのような形で駅舎を設置したのかは不明だが、駅舎のデザインを見るとなんとなく山小屋風にしたのかな、という気がしなくもない。尾白内の裏手には北海道駒ケ岳がそびえており、登山客へのアイコンの意味合いもあったのかもしれない。

尾白内の近郊に見どころがあるかというと、なかなか難しい。目立つのは水産加工会社と民家ばかりだ。ところが西隣の東森駅まで約1.5km、さらに西隣の森駅も3kmしか離れておらずこの辺りまでは十分に徒歩圏内と言えるだろう。そこまで範囲が広がると、いろいろ面白いスポットも現れてくる。ちなみに駅間が異様に短いのは、もともと森～砂原間が渡島海岸鉄道という地域に根差した鉄道だったためだ。第二次世界大戦中に国鉄に買収されて函館本線に組み込まれたため、このような駅間になっている（実際には駅の位置は微妙にずれたりもしている模様）。

このエリアの見どころは、海産関連のものとなってくる。内浦湾の景色、漁港にある魚介碑や水産加工品の直売所などだ。また『日本冷凍食品事業発祥の地』があって驚かされる。海沿いを歩くだけでもなかなかに楽しい。

周辺案内

森漁協の目の前にある魚介碑。特にいわれなどは記されていない

駅からおよそ800ｍ。海岸沿いに歩くと森漁港に着く

漁港の手前、尾白内川が海にそそぐポイント

漁港の西の端までいくと直売所がある

日本冷凍食品事業発祥の地

　森漁港のすぐ近く、道道1028号線沿いにあるニチレイフーズ森工場の入口脇に『日本冷凍食品事業発祥の地』がある。日本で初めて、木炭ガスエンジンにより魚を冷凍した機械がガラスケースに収められて展示されている。1919年8月、マグロ、ブリ、イワシなどが冷凍され、この地から日本全国に出荷されたという。しかもこの機械、50年ほど前まで現役で稼働していたとのことだ。

　見学するには事前に、森町教育委員会社会教育課（01374-2-2186）へ申し込みが必要。

『日本冷凍食品事業発祥の地』碑。アメリカ人技師ハワード・ゼンクス氏の設計監督による冷凍設備や冷蔵庫が生まれたことなどが記されている

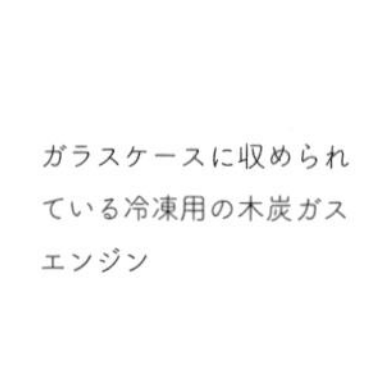

ガラスケースに収められている冷凍用の木炭ガスエンジン

歩ける周辺駅

極端な三角屋根を持った面白い駅舎の東森駅。かつて、瀬棚線にあった美利河駅とほぼ同じ設計

森駅も徒歩圏内。ここまで歩いてくれば飲食店も豊富で路頭に迷うこともない

森駅と言えば、いかめしが有名すぎるほど有名。駅前の柴田商店で販売されている（いかめしを作っているのは、阿部商店）

昔の姿

1982 年の尾白内駅。駅舎はホームより低い位置に建っていた

北海道

東久根別

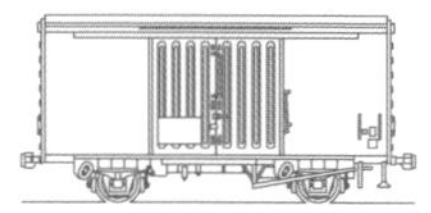

18

路線●道南いさりび鉄道線（道南いさりび鉄道）
開業●1986年11月1日
貨車駅舎化●1985年11月1日
貨車形式●ワフ29500

時刻表

函館方面〈下り〉	時刻	木古内方面〈上り〉
	5	
39	6	
12 47	7	05 21 56
02 36	8	
59	9	16
	10	07 48
06	11	
02 46	12	11
41	13	49
42	14	18
	15	29
08	16	39
19	17	38 58
17	18	52
46	19	25 55
	20	35
31	21	
	22	07
33	23	04

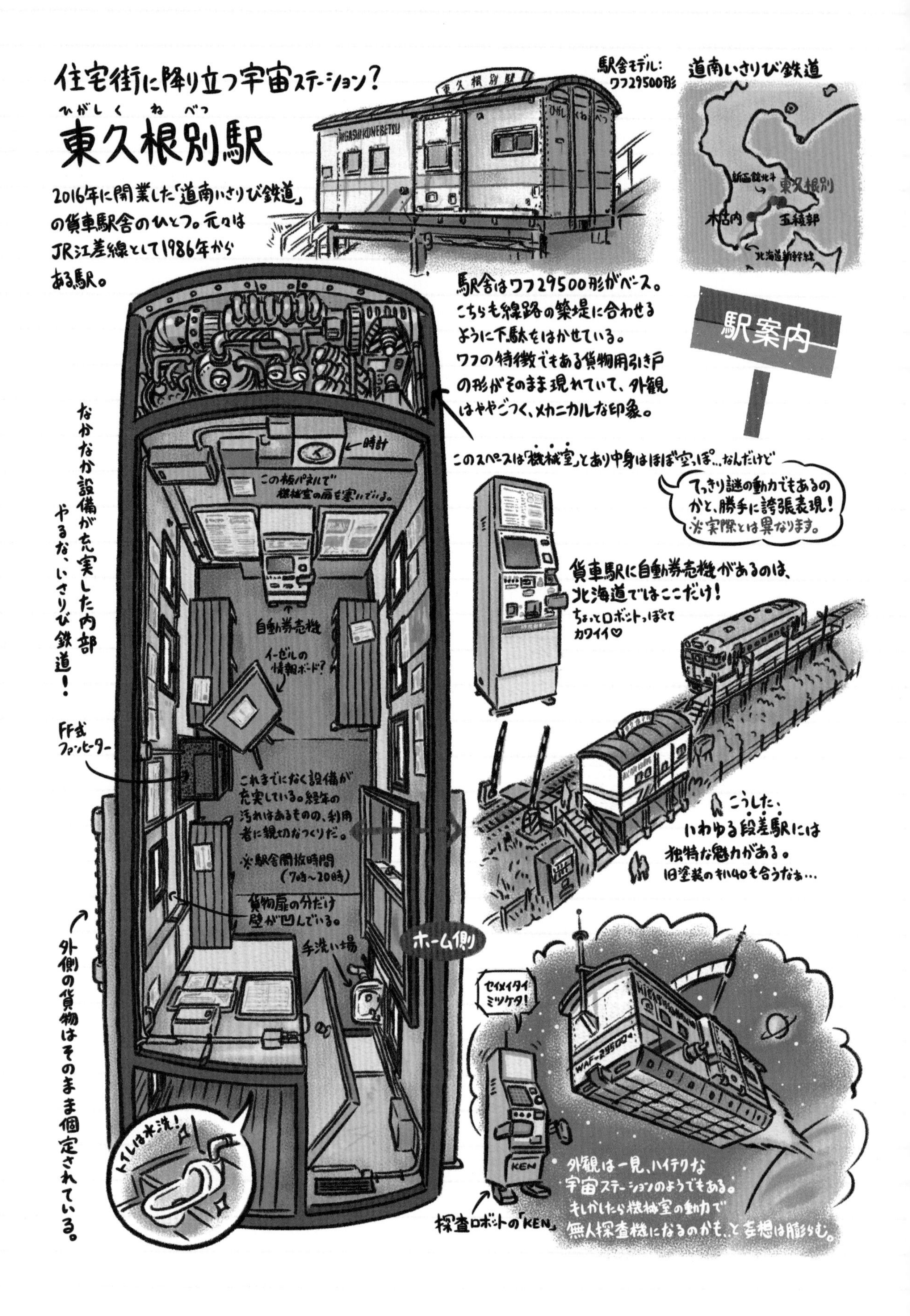

住宅街に降り立つ宇宙ステーション？
ひがしくねべつ
東久根別駅
2016年に開業した「道南いさりび鉄道」の貨車駅舎のひとつ。元々はJR江差線として1986年からある駅。
駅舎モデル：ワフ29500形
東久根別駅
HIGASHIKUNEBETSU
ひがしくねべつ
道南いさりび鉄道
新函館北斗
東久根別
木古内
五稜郭
北海道新幹線
駅舎はワフ29500形がベース。こちらも線路の築堤に合わせるように下駄をはかせている。ワフの特徴でもある貨物用引き戸の形がそのまま現れていて、外観はややごつく、メカニカルな印象。
駅案内
このスペースは「機械室」とあり中身はほぼ空っぽ…なんだけど
てっきり謎の動力でもあるのかと、勝手に誇張表現！
※実際とは異なります。
←時計
この板パネルで機械室の扉を塞いでいる。
なかなか設備が充実した内部
やるな、いさりび鉄道！
自動券売機
イーゼルの情報ボード？
FF式ファンヒーター
これまでになく設備が充実している。経年の汚れはあるものの、利用者に親切なつくりだ。
※駅舎開放時間（7時～20時）
貨物扉の分だけ壁が凹んでいる。
手洗い場
ホーム側
外側の貨物はそのまま個定されている。
トイレは水洗！
貨車駅に自動券売機があるのは、北海道ではここだけ！
ちょっとロボットっぽくてカワイイ♡
こうした、いわゆる段差駅には独特な魅力がある。
旧塗装のキハ40も合うなぁ…
セイメイタイ ミツケタ！
WAF-29500
KEN
探査ロボットの「KEN」
外観は一見、ハイテクな宇宙ステーションのようでもある。
もしかしたら機械室の動力で無人探査機になるのかも…と妄想は膨らむ。

駅舎横には踏切があるが、構内踏切ではなく普通の踏切

雰囲気

駅南側は久根別団地が広がる

駅北側は閑静な住宅街といった印象

周辺案内

なんでこんなところに貨車駅舎が!?　と不思議に思うような、しっかり人口の多い住宅街の中に東久根別はある。函館からわずか3駅、住宅だけでなく飲食店や生活必需品の店も豊富な町の中だ。しかも駅の真横には巨大な久根別団地まである。

東久根別は、函館市周辺の輸送能力の充実を図るため、1986年11月1日に出来た比較的新しい駅だ。つまり人口の多い住宅街に駅を作ってしまおうというもので、当初より無人駅で開業した。貨車駅舎は、地元の上磯町（現在は北斗市）からの強い要望で地元負担により設置されたのだとか。この駅舎も尾白内同様ホーム上にはなく、道路から持ち上げる形で置かれているのが面白い。

もともとは江差線の駅だったが、2016年に北海道新幹線が開通し、並行在来線の分離が行われたため道南いさりび鉄道の駅となった。貨車駅舎と思えないほど施設が充実しており、きっぷの自動券売機、FF式ファンヒーター、水洗トイレと手洗い場が完備されている。経年の汚れはあるものの綺麗に清掃されており、大事にされていることがうかがえる。

駅周辺の特徴としては、南に500ｍほど行けば函館湾に出られることだ。函館山が目の前に広がっているほか、隣の七重浜に高速輸送船『ナッチャン Wolrd』が停泊している様子が見えたりする。

駅北側も住宅街だが、東へ200ｍほど行くと久根別川の土手にぶつかる。ここでは久根別川を渡る道南いさりび鉄道の列車を見ることができる。

函館湾から臨む景色。中央奥に見えるのが函館山

久根別小学校の海側にある『Coffee Room FLOAT』。建物の2階にあるため函館湾の景色を見るには最適

久根別川にかかる鉄橋を間近に見られる

昔の姿

設置された当初の駅舎。現在と異なり、左側のデッキに出入りできた模様

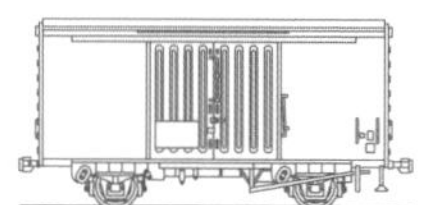

19

路線●道南いさりび鉄道線（道南いさりび鉄道）
開業●1930年10月25日
貨車駅舎化●1986年12月23日
貨車形式●ワム80000

時刻表

函館方面〈下り〉	時刻	木古内方面〈上り〉
	5	
39	6	
27	7	40
	8	
23	9	59
	10	
31	11	22
	12	
06	13	
	14	21
34	15	
47	16	02
	17	13
	18	37
15	19	
59	20	27
	21	
	22	39
	23	

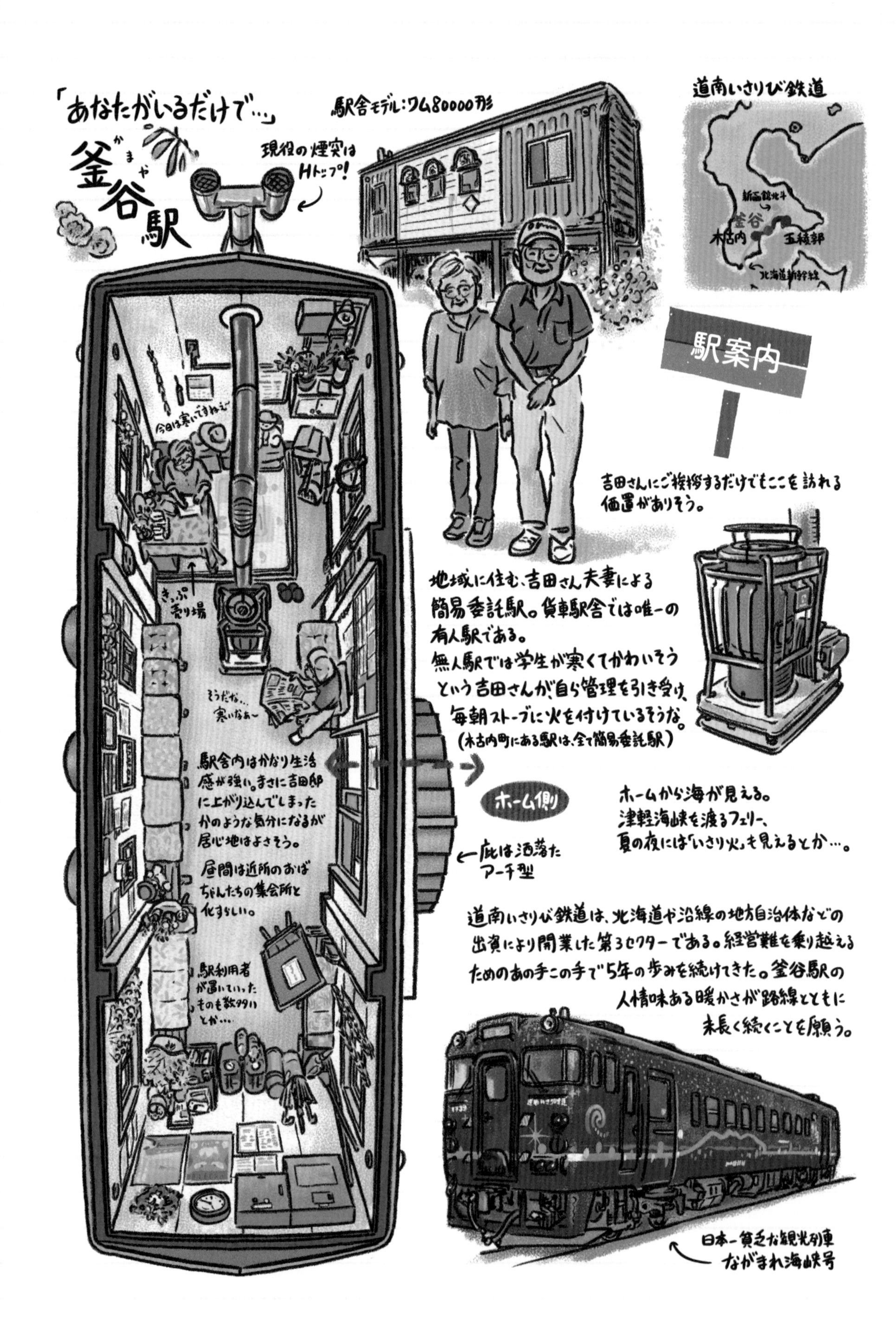
「あなたがいるだけで…」
釜谷駅
かまや
現役の煙突はHトップ!
駅舎モデル:ワム80000形
道南いさりび鉄道
新函館北斗
釜谷
木古内
五稜郭
北海道新幹線
駅案内
吉田さんにご挨拶するだけでもここを訪れる価値がありそう。
今日は寒いですねぇ
きっぷ売り場
そうだな…寒いなぁ～
地域に住む、吉田さん夫妻による簡易委託駅。貨車駅舎では唯一の有人駅である。
無人駅では学生が寒くてかわいそうという吉田さんが自ら管理を引き受け、毎朝ストーブに火を付けているそうな。
(木古内町にある駅は、全て簡易委託駅)
駅舎内はかなり生活感が強い。まさに吉田邸に上がり込んでしまったかのような気分になるが居心地はよさそう。
昼間は近所のおばちゃんたちの集会所と化すらしい。
駅利用者が置いていったものも数多いとか…
ホーム側
庇は洒落たアーチ型
ホームから海が見える。津軽海峡を渡るフェリー、夏の夜には「いさり火」も見えるとか…。
道南いさりび鉄道は、北海道や沿線の地方自治体などの出資により開業した第3セクターである。経営難を乗り越えるためのあの手この手で5年の歩みを続けてきた。釜谷駅の人情味ある暖かさが路線とともに末長く続くことを願う。
日本一贅沢な観光列車
ながまれ海峡号

雰囲気

貨物列車も走るため、このような面白い光景も見られる

駅舎を背にして、まっすぐ坂を下っていくと海だ。駅の海抜は7m

山のすぐ手前の高台にある駅で、ホームからは100mほど先にある海が見渡せる。しっかりとしたコンクリートで出来たホームが上りと下りにそれぞれあり、構内踏切で渡る。上り側のホームに駅舎があるが、実はここもホーム上には駅舎がない。地面からググっとホームの高さまで持ち上げるようにして設置されている。

吉田夫妻が管理しているだけあって、駅舎内は快適。窓には網戸がついているため開けていても虫の心配はないし、寒い冬はストーブもたかれている。ただし冷房とトイレがないため、いつでも快適に過ごせるかと言えばそうでもないようだ。また吉田夫妻が駅舎にいる時間帯（午前〜昼過ぎほど）であれば、きっぷの販売もしてくれる。

駅舎の外観は尾白内によく似ている。窓にかかる庇の形状が丸いか角ばっているかの違いがあるぐらいで、基本的には同じタイプだ。

見どころはやはり海。函館だけでなく、津軽海峡がよく見渡せるため、双眼鏡などを持っているとより楽しめるだろう。おすすめは駅から南西へ徒歩5分ほどの釜谷漁港。そこの堤防の上からのんびりと眺めたい。

近くの高台に塩竃神社があるので行ってみたが、木がうっそうと茂っていて海を臨むことはできなかった。ちなみに山側になにかスポットがないか吉田さんに尋ねたところ「山は本当にただの山で、何もないよ」との答えだった。

吉田さん夫妻が在駅していれば、駅舎内できっぷが買える

周辺案内

駅から降りて228号線を南へ向かうと釜谷漁港。函館湾、津軽海峡を一望できる

釜谷駅からまっすぐ降りたところにある海岸。砂浜はなく岩場になっていた

漁港内にあるコミュニティスペース『ゆうなぎ館』。取材時は閉まっていた

昔の姿

木造駅舎の頃の釜谷（1983年）。ホームから一段下がったところに駅舎があった

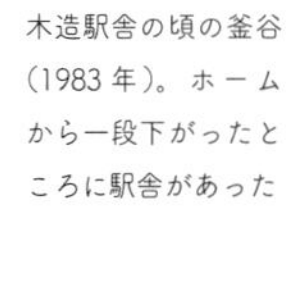

1988年の釜谷駅。庇のあたりのデザインが今と違う

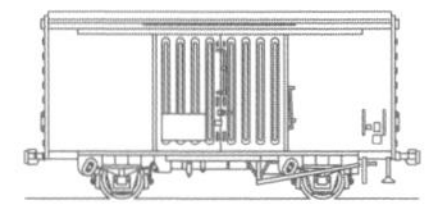

20

路線●八戸線（JR東日本）
開業●1930年3月27日
貨車駅舎化●1984年10月16日
貨車形式●ワフ29500

時刻表

久慈方面〈下り〉	時刻	八戸方面〈上り〉
	5	
	6	00　48
46	7	
58	8	
	9	21
	10	
04	11	17
	12	
	13	07
05	14	
58	15	
	16	
59	17	04
	18	22
	19	
04	20	19
	21	
01	22	
	23	

潮風トレイルへGO!

陸中夏井駅（りくちゅうなつい）

いよいよ本州の貨車駅舎へ。まずはJR八戸線から、岩手県久慈市にある無人駅から。

地べたにどっしりと置かれ、しっかりとしたステップと手すりがつけられている。デッキの部分の扉（開かない）、手ブレーキハンドル、電灯は貨車当時のまま残されている。

デッキ上の電灯 今もちゃんと光る！

ブレーキハンドルが残されているのは珍しい。現役時代を物語る貴重なアイテムだ。

ホーム側

もう使えないが扉は当時のまま。

横面の窓は全部開かない。

使用済みきっぷの回収箱

みちのく潮風トレイル

ここから600mほど歩くと「みちのく潮風トレイル」に合流できる。東北の魅力発見を目的にしたトレッキングのスタート、又はゴールにここを訪れる人も多そうだ。
こちらの2人は久慈市ルートで陸中中野を目指してこれから5時間40分（18.4km）のトレッキングを今まさに始めようとしている。

内部はキレイに整頓されている。

ワフは車掌車と荷物室を隔てている仕切りがあった。それをなくして1つの空間として使っている。

珍しいベンチの配置 日当たりが良さそう。

元々は荷物室だったこのスペースの窓は全部後付け。

貨車情報…国鉄ワフ29500形

1両で車掌車と有蓋車を兼ねていた。昭和30年代以降のローカル線等で活躍した。

これだけ見ると、
まるで北海道に
ある駅のよう

雰囲気

駅を出ればそこは住宅街。
ゆるい坂の上にある

周辺案内

夏井川橋梁を渡る
『東北エモーション』

地層ががっつり露出している、
半崎の野田層群

もぐらんぴあ。水族館では南部もぐりや
北限の海女の実演も行われている

ハリマ酒店のおでん。出汁
がよく浸みていておいしい

1面1線の片側ホーム、砂利の上にアスファルトが敷かれ、線路の向こうは藪……。ホームだけ見ていると、まるで北海道の貨車駅と見まごうばかりだが、ここは岩手県の八戸線にある駅。すぐ隣は、NHK朝の連続テレビ小説『あまちゃん』の舞台となった久慈駅だ。ちなみに線路の藪の向こうには田んぼが広がっている。

ぱっと見、なにもない駅に見えるが、駅舎を出れば目の前は住宅街。広い土地にぽつんと置かれた駅舎というわけではなく、コンパクトなスペースに収まるように貨車駅舎がある感じだ。ホームには柵が引かれていて、駅舎を通らないと基本的には出入りできないようになっている。

北海道の貨車駅と違って、駅舎の前にはポール状の使用済み切符回収箱がある。これはJR東日本の無人駅の多くに見られる特徴の一つ。駅舎内に入ると、天井と妻面の扉に貨車時代の面影が残るが、壁や床などは改装済みだ。もともとはゴミ箱なども設置されていたのだが、現在では撤去されている。

現在では無人駅だが、1948年頃は貨車ホームが別にあり、木材搬出用の線路などもあった大き目の駅だった。1971年に無人化され、1面1線となっている

最寄りのスポットは、駅前の坂を下り切ったところにある『ハリマ酒店』。酒屋ではあるが生鮮食料品なども扱っているお店で、オリジナルのお弁当なども販売している。ここのおでんが人気でちょっとした名物。地元の豆腐屋さんが作った木綿豆腐が入っているのがちょっと珍しい。

そのまま国道395号線を北に向かえば夏井川にぶつかり、夏井川橋梁をわたる八戸線の列車を撮影出来る。

また駅から東へ向かうと海岸線に出られる。そのまま道なりに北東のほうへ向かえば、1km先に『半崎の野田層群』と言われる崖が現れる。これは3千年前に形成された地層が露出したもので、立木の化石などが見られる。さらに1kmほど進むと『久慈国家石油備蓄基地』と隣接した水族館『もぐらんぴあ』がある。これは石油備蓄基地を作った時の作業用トンネルを活用して作られたもので、トンネル型の水槽がある。

昔の姿

1983年の陸中夏井の駅舎。場所は現在とほぼ変わらない

山形
中川
中川

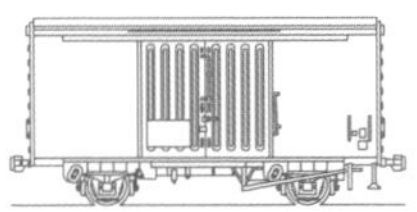

路線●奥羽本線（JR東日本）
開業●1903年11月3日
貨車駅舎化●1986年3月29日
貨車形式●ワラ1

時刻表

新庄方面〈下り〉		時刻	福島方面〈上り〉	
		5		
26		6	52	
08	45	7	34	
29		8	03	42
		9	56	
06		10		
04		11	30	
03	52	12	39	
		13		
03		14	44	
00	54	15	46	
54		16	53	
59		17	58	
		18		
03	50	19	03	
51		20	15	
		21	11	
08		22	07	
00		23	00	59

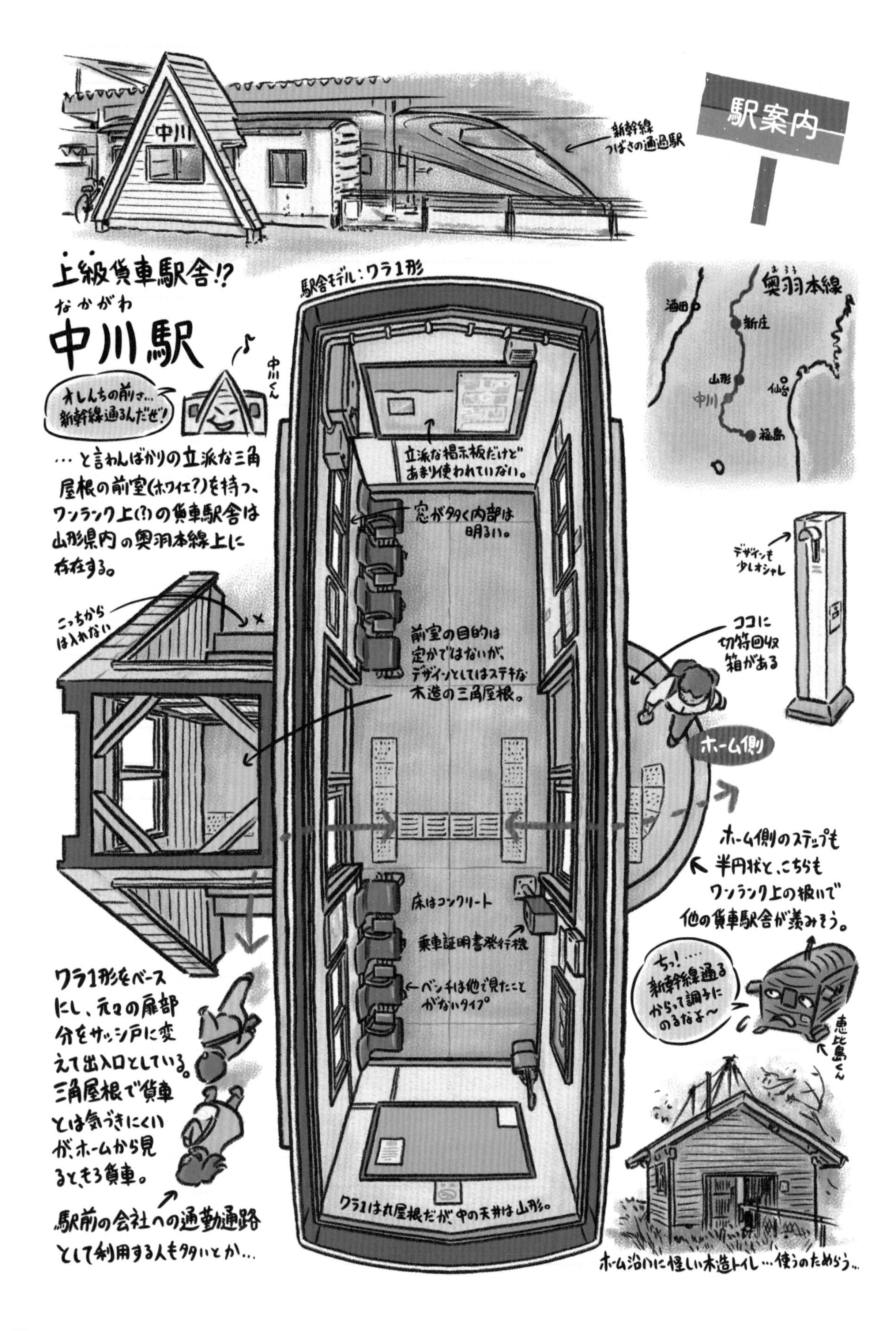

中川
新幹線
つばさの通過駅
駅案内
上級貨車駅舎!?
なかがわ
中川駅
駅舎モデル：ワラ1形
奥羽本線
酒田
新庄
山形
中川
仙台
福島
中川くん
オレんちの前さ…
新幹線通るんだぜ!
…と言わんばかりの立派な三角屋根の前室(ホワイエ?)を持つ、ワンランク上(?)の貨車駅舎は山形県内の奥羽本線上に存在する。
立派な掲示板だけどあまり使われていない。
窓が多く内部は明るい。
デザインも少しオシャレ
こっちからは入れない
ココに切符回収箱がある
前室の目的は定かではないが、デザインとしてはステキな木造の三角屋根。
ホーム側
ホーム側のステップも半円状と、こちらもワンランク上の扱いで他の貨車駅舎が羨みそう。
床はコンクリート
乗車証明書発行機
ベンチは他で見たことがないタイプ
ちっ!…
新幹線通るからって調子にのるなよ～
恵比島くん
ワラ1形をベースにし、元々の扉部分をサッシ戸に変えて出入口としている。三角屋根で貨車とは気づきにくいが、ホームから見るともろ貨車。
駅前の会社への通勤通路として利用する人も多いとか…
ワラ1は丸屋根だが、中の天井は山形。
ホーム沿いに怪しい木造トイレ…使うのためらう…

雰囲気

中川駅の前後は単線になっており、交換駅の役割もある

駅舎を出ると住宅街に向かう上り坂になっている

新幹線が通る日本唯一の貨車駅が中川だ。通っているのは山形新幹線E3系で、もちろん乗降駅ではないので通過していくのを見るだけになるのだが、予想外の取り合わせを間近に見ることができる。普段は1番線を通過していくだけだが、休日であればE3系の観光新幹線『とれいゆつばさ』が2番線に交換停車している様子も見られる（2022年3月まで）。

駅は2面2線の相対式ホームで、跨線橋によってつながれている。南側の出口に貨車駅舎が備えられており、跨線橋の反対側は北側の出口となっている。もともとは2面3線あった駅だが、駅の無人化後に2面2線へと改められている。

駅舎はワラ1形をベースにしたものだが、出入口に三角屋根の風雪よけが設けられており、特徴的な外観をしている。実はこの駅舎が設置された当時、中川駅は秋田鉄道管理局管内の駅で、同じ管内に設置された貨車駅舎の多くは出入口に特徴的な庇が設けられてる（P155～160参照）。極端な三角屋根は雪を考慮したためかもしれない。

駅舎といっても半分通路のような形のため、駅の出入口からホームまで点字ブロックが続いているのが特徴的だ。窓が大きいため、室内はかなり明るい。

駅舎を出るとゆるい上り坂になっていて住宅街が広がる。駅のすぐ脇には『かわでん』という会社の本社・工場が広がっている。目の前の県道238号線に沿って突き当りを左へ進むと前川に架かる、特徴的なアーチ形状をしている蛇ヶ橋がある。かつてこの辺りで産出されていた中川石（凝灰岩）で作られた橋で、土木学会による土木遺産に認定されている。さらに進み線路を越えた先で再び前川とぶつかり、そこにもアーチ状の橋が架かっており特徴的な欄干をしている。こちらは吉田橋で南陽市の指定文化財だ。そこから県道102号線に入りさらに北へ進むと、『一好食堂』というドライブインがあり、あっさりめのしょうゆラーメンがうまくて人気だ。

逆に駅の北側に出る跨線橋から降りてみれば、こちらも住宅のほか工場の広がるエリアだ。北にある岩部山に向かうと、『岩部三十三観音』の案内がある。これは江戸後期に作られた山の中にある石仏で、全部で三十三体が岩に掘りこまれている。三十三観音を巡る途中で、中川石の採石場だった場所なども見ることができる。

周辺案内

吉田橋。コの字型の石を組んだ欄干が特徴的

蛇ヶ橋。アスファルト舗装してあって気づきにくい

岩部三十三観音。普通に山登りの様相だ。最寄りは三十三番目なので逆順をたどる形になる

中川駅での食事スポットはここ。美味しくリーズナブル

昔の姿

貨車駅舎に切り替わる半年前の中川駅（1985年9月）。駅舎の位置は今も昔も同じだ

福島

会津坂本

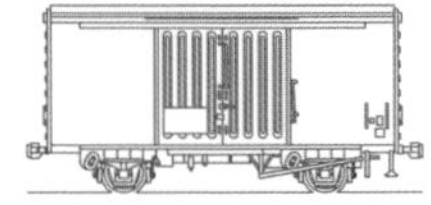

路線●只見線（JR東日本）
開業●1928年11月20日
貨車駅舎化●1984年3月31日
貨車形式●ワラ1

時刻表

小出方面〈下り〉	時刻	会津若松方面〈上り〉
	5	
59	6	29
	7	
37	8	05
	9	43
	10	
	11	
	12	
	13	28
00	14	
	15	
	16	27
49	17	
	18	
	19	
35	20	06
	21	
34	22	
	23	

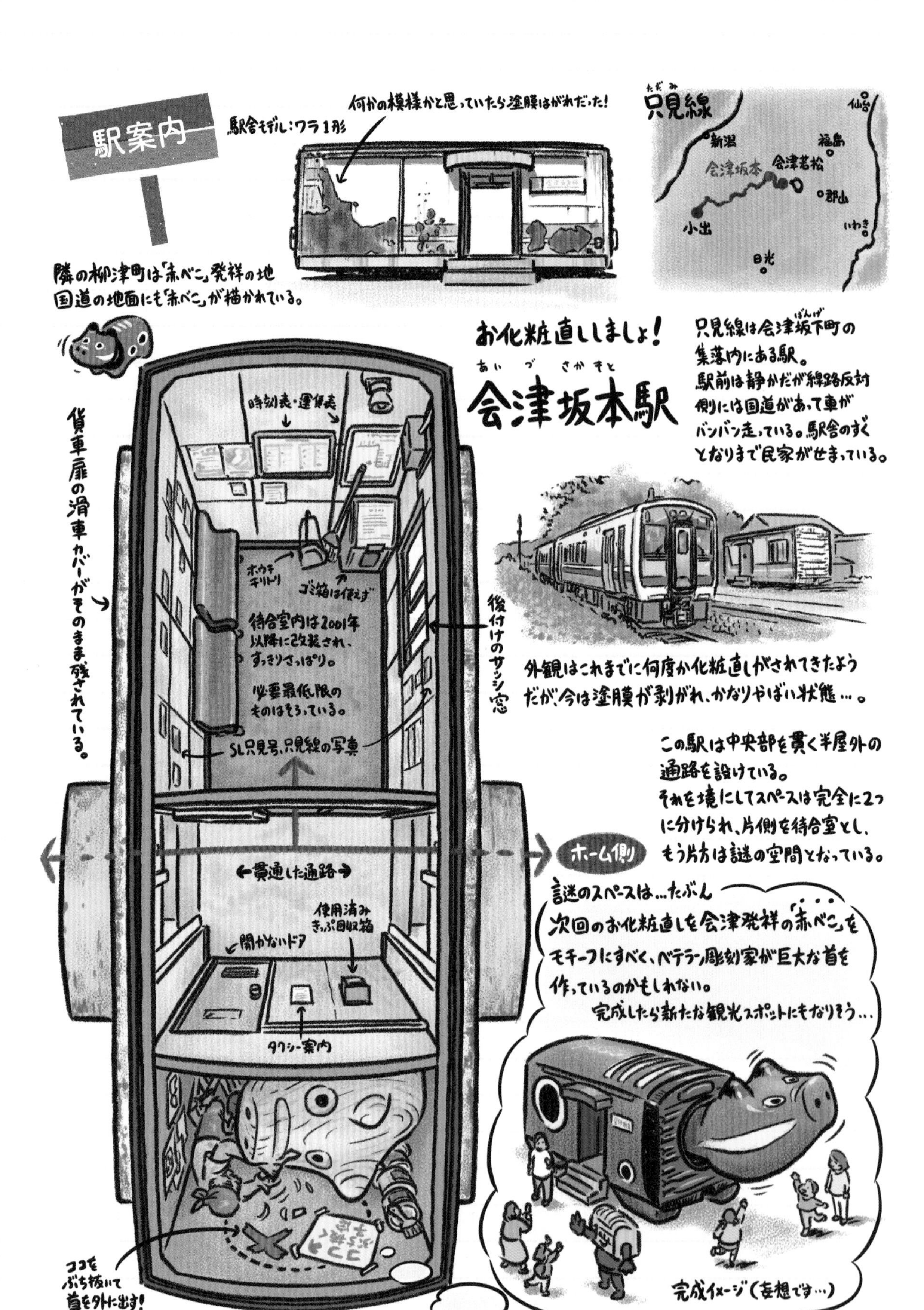

駅案内
駅舎モデル：ワラ1形
何かの模様かと思っていたら塗膜はがれだった！
只見線
仙台
新潟
福島
会津坂本
会津若松
郡山
小出
いわき
日光
隣の柳津町は「赤べこ」発祥の地
国道の地面にも「赤べこ」が描かれている。
お化粧直ししましょ！
会津坂本駅
只見線は会津坂下町の集落内にある駅。
駅前は静かだが線路反対側には国道があって車がバンバン走っている。駅舎のすぐとなりまで民家がせまっている。
貨車扉の滑車カバーがそのまま残されている。
時刻表・運賃表
ホウキ チリトリ
ゴミ箱は使えず
待合室内は2001年以降に改装され、すっきりさっぱり。
必要最低限のものはそろっている。
SL只見号、只見線の写真
後付けのサッシ窓
外観はこれまでに何度か化粧直しがされてきたようだが、今は塗膜が剥がれ、かなりやばい状態…。
この駅は中央部を貫く半屋外の通路を設けている。
それを境にしてスペースは完全に2つに分けられ、片側を待合室とし、もう片方は謎の空間となっている。
ホーム側
←貫通した通路→
使用済みきっぷ回収箱
開かないドア
タクシー案内
謎のスペースは…たぶん
次回のお化粧直しを会津発祥の「赤べこ」をモチーフにすべく、ベテラン彫刻家が巨大な首を作っているのかもしれない。
完成したら新たな観光スポットにもなりそう…
ココをぶち抜いて首を外に出す！
完成イメージ（妄想です…）

雰囲気

駅を出たら普通に民家が並ぶ集落の中だ

ホームの奥は木が生い茂っている

不思議と東北の旅情感が漂う駅。1面1線のホームは石垣状になっており、線路の向こうは草っぱら、駅の脇には広葉樹が茂っていて、駅舎を出ると目の前はすぐ民家。かつての駅舎の基礎だったであろうコンクリートがひび割れ崩れているさまも、なんだか味わいがある。

実際にどこまでが駅の敷地で、どこからが民家の敷地かよくわからないぐらい、集落の中に置かれている駅が会津坂本だ。というよりも集落の奥まったところにあり、幹線道路から遠いため駅から出る人はともかく、駅に行く人は迷ってしまうだろう。

駅舎はホーム脇にぽつんと置かれた形になっていて、特に通らずにホームを出入りできる。中央のデッキはドアなどはなく通り抜けられるが、中の待合室にはドアが設けられていて、寒さはしのげるようになっている。

近隣の食事スポットは北側にある国道49号線沿いにあるお店だ。国道252号線との合流地点にある『磯舟食堂』は、会津の名物をしっかり味わえる。特に「いそふね定食」は、馬肉の刺身、馬カツ、半ラーメン（喜多方）ともりだくさん。米は地元の下郷産だ。ほかに、ソースカツどんとラーメンで有名な『坂本ドライブイン』、地元産の小麦やそばを使った料理を提供する『ファットリアこもと』など。

見に行っておきたいのは、駅から1.5kmほど先にある只見川にそびえる片門ダム。東北電力が管理している水力発電用のダムだが、巨大な水門が間近で見られる。ちなみにダムカードはここではもらえず、『道の駅 あいづ 湯川・会津坂下』まで行かないといけない。

周辺案内

磯舟食堂。うな重なども提供している。カレーも大人気

片門ダム。只見川本流を堰き止めるための、大きな水門が並ぶさまは圧巻

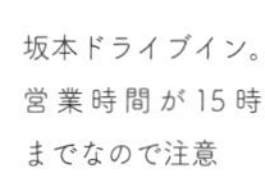

坂本ドライブイン。営業時間が15時までなので注意

昔の姿

駅舎が置かれた当初のカラーリング。写真は1995年

ファットリアこもと。ピザやパスタのほか、ソースカツどん、幻の蕎麦とよばれる、さらしなの十割蕎麦なども提供している

2代目のカラーリング。写真は2001年10月のもの

群馬

郷原

路線●吾妻線（JR東日本）
開業●1946年4月20日
貨車駅舎化●1985年3月20日
貨車形式●ワラ１

時刻表

大前方面〈下り〉	時刻	高崎方面〈上り〉	
	5	42	
	6	31	
14	7	27	
29	8	07	
57	9	12	
	10	28	
46	11	46	
57	12		
	13	41	
00	14	45	
04	15		
27	16	10	58
16	17		
14	18	14	
13	19	40	
21	20	52	
35	21		
46	22		
	23		

郷原駅
郵便
POST
赤岩通り
一合目
登山口まで約1.5km

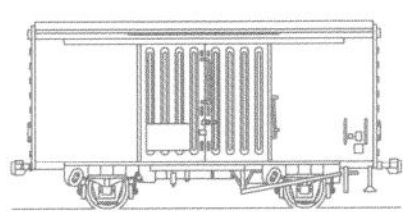

それは、真田の出城!?
郷原駅
ごうばら
駅案内
吾妻線
あがつま
糸魚川
長野
郷原
日光
大前
渋川
前橋
駅舎モデル：ワラ1形
通路出入口には立派な庇がついている。ホーム側の軒下には、観光客を歓迎するメッセージが書かれている。
もはや貨車駅舎とは呼べない外観。中川駅が上級駅舎なら、こちらは観光の玄関口として出世した貨車駅舎とも言える。背後にそびえる岩櫃城(国の史跡)と合わせて、蔵をイメージしたガワがかぶせてある。
いわびつ
特に屋根瓦が立派
内部は、会津坂本と同様に、半屋外の中央通路を境にして待合室と駅員室らしき空間(今は閉鎖?)に分かれている。
ホーム側
小学校の机のようなもの、上には岩櫃城のパンフレットなど。
ベンチには座ぶとんに
ひッ!!
この駅でゴミのポイ捨てはご法度! なぜなら…↓
ラッチがある! 一応有人駅としても使えるようにしてる?
ポイ捨て許さんぞぉ!
駅員室は閉鎖されている模様。そもそも駅員室なのか?…
バーン
駅近くの道路工事から出土した「ハート形土偶」でも話題に! (東京国立博物館保管)
戦国兵士がたまに駅舎を掃除しにやって来るのかもしれない。利用マナーの悪い人には厳しい (妄想です)
完全に覆われていると思いきや、側面の一部に貨車が露出している。
さては貴様…ワラだな!!
…バレた。
駅員室に見せかけて実は…岩櫃城に通じる秘密階段があったりして…(妄想です)

雰囲気

駅舎を出た目の前は広い駐車場と国道、民家、山だ

左が下りホームで駅舎、右が上りホームで待合室。写真は踏切から撮ったもの

周辺案内

群馬と言えば小麦粉文化の地。国道145号線沿いにある『角田製菓店』では様々なまんじゅうを扱っている

岩櫃山のビュースポットとなっている密岩神社。奥宮は岩櫃山の断崖にあるために設けられた里宮だ

岩櫃山の中にある潜龍院跡。梅の木が植えられている

駅の背後には、特徴的な岩壁の頂を持つ山が姿を見せている。かつて真田氏が支配した岩櫃城が築かれていた岩櫃山で、現在は本丸址が残るのみだ。当然、真田氏に関連するものも多く、駅のすぐそばにはいわゆる真田道があるし、真田昌行が武田勝頼を逃すため、岩櫃へ迎え入れるために3日で建てたという潜龍院の跡などもある。

そんな地にある郷原駅は、全く貨車駅とは思えない駅舎だ。白い壁に石垣様の壁、瓦屋根まである。そもそも貨車の高さじゃない。実はこれ、巨大な張りぼてによって貨車駅舎を偽装しているのだ。駅舎内に入ればなんとなく貨車駅舎感はあるものの、いまいち確信をつけるだけの材料はない。しかし横に回れば、電気関連の設備部分だけ偽装がはがれていて貨車の妻面が見えているのだ。

なぜこのような偽装をされているのか不思議だが、郷原駅はホームもちょっと不思議な構成になっている。2面2線のホームなのだが、上り線と下り線のホームは駅構内でつながっていない。駅の敷地を出て一般道の踏切を渡った向こうに反対側のホームがあるのだ。貨車駅舎があるのは下り線ホームで、上り線ホームには小さな待合室があるだけだ。

駅舎側の出口を出ると目の前は広いロータリーで、その向こうは国道145号線。長野原町で144号線へ名前を変えるがこのルートは沼田市から上田市まで続いているいわゆる真田道の現代改良版。それもあって交通量がとても多い。

※本書では1954年3月発行『考古学雑誌』発表の山崎義男氏の論文を参照しました

なにもかも真田尽くしの様相の郷原だが、実は日本人なら誰もが知っているようなとんでもないものが出土した土地でもある。1941年の春※、郷原駅よりわずか西500mの地点で県道（現国道145号線）の工事中、石囲いを発見。中からハート型土偶が出土したのである。現在該当地に特に標識などはなく、駅前に出土を伝える看板が残るのみである。

昔の姿

1981年当時の郷原駅。駅舎位置は現在と変わりなさそう

貨車駅舎に変わってしばらく後の1996年。渋い光景だ

群馬
市城

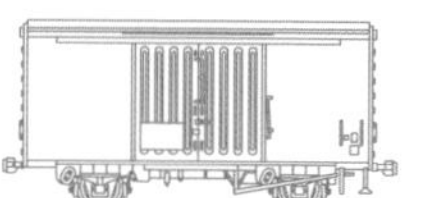

路線●吾妻線（JR東日本）
開業●1945年11月20日
貨車駅舎化●1985年3月20日
貨車形式●ワラ1

時刻表

大前方面〈下り〉	時刻	高崎方面〈上り〉
	5	55
	6	44
01	7	40
15	8	24
43	9	25
	10	43
32	11	
44	12	02
43	13	55
48	14	
59	15	04
59	16	24
59	17	12
	18	26
00	19	53
07	20	
22	21	05
33	22	
	23	

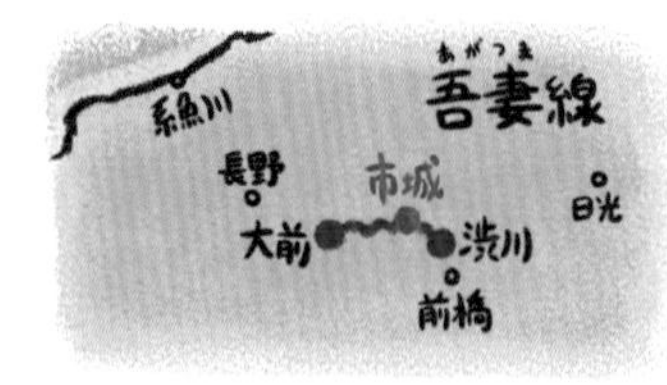

優美なモダンデザイン

市城駅
(いちしろ)

駅舎モデル：ワラ1形

アーチ屋根
貨車(ワラ1)
ガワ(外壁)

近年の改装ですっかり建て替えられたのだと思っていたら、実はもとの貨車駅舎にガワとアーチ型屋根をとりつけたものだった。郷原駅と同じ構成だが外装は優美なモダンデザイン。

待合室に電光掲示板がある貨車駅は珍しい。(使うのは緊急時のみ)

お知らせ

内部は中央通路と待合室、旧駅務室らしき閉鎖された空間に分けられている。

奇しくも、駅舎の外観と吾妻線を走る特急「草津」651系車両との相性が良い。

市城には停車しないけど。

吾妻線は、今や草津温泉、四万温泉などへの観光路線ともなっている。

旧駅務室は中がよくわからない。…というわけで妄想してみるとしよう。沿線に温泉が多い吾妻線にちなんで、駅舎でひとっ風呂浴びれたりしたら最高だな…。

雰囲気

1面1線のホーム。
周囲は民家と田んぼ

駅舎を出ると、
目の前は大きな
駐車場

これって貨車駅舎だったの？　第2弾。かつては何もないような場所にポツンと貨車駅舎があるだけという風景だった。後に道が再整備され、駅舎のデザインも躯体の大きさも変わっていたため「貨車駅舎でなくなったのだな」という印象を持っていた。ただ、貨車駅舎と庇の形だけ共通にしていたのだなと。

ところが近寄ってみれば、こちらも郷原同様、飾り屋根と周囲にパネルをつけただけで中身は貨車のまま。似たデザインだと思っていた庇も、前のままだったというオチだ。

かつて吾妻線上には4駅の貨車駅舎があったのだが、現在まで残るのは市城と3駅隣の郷原のみ。そのどちらもが偽装タイプなのが面白い。また、いずれの駅も無人駅なのになぜか金属製のラッチが残されているところも不思議だ。

市城は、いわゆるローカル線といった雰囲気の駅だ。榛名山と青山に囲まれた吾妻川沿いの集落にあり、周りにあるのは民家と田んぼ。少し前までは線路の脇に桜の並木があったのだが、現在は伐られてしまっている。

群馬と言えば小麦生産が盛んで、うどんは家庭で作るものという感じだが、そんな家庭的なうどんを食べられるお店が吾妻川の対岸にある。『こいずみ食堂』では、野菜付き天ぷらうどんがなんと500円。地粉自家製のうどんに加え、揚げたての天ぷらがついてこの価格は驚きだ。

また、群馬と言えばまんじゅうでもある。駅から西に600mほどにある『たけやま農産物直売所』は、自家製小麦を使った厚みのあるガワのまんじゅうが人気。中身はつぶあんだ。まんじゅうと同じくらい人気なのが嵩山とうふで、しっかり豆の味がして美味しい。このほか、生うどんや、野菜なども販売されている。

群馬と言えば温泉もだが、これも吾妻川の対岸、駅から1.5kmほど東に行ったところに『息吹の湯 桔梗館』がある。日帰り入浴ができる。

周辺案内

こいずみ食堂。定食を頼むと汁物としてうどんがついてくる。もつ煮定食でも、アジフライ定食でも、ハンバーグ定食でも。安くて美味しい。写真は野菜てんぷら付きうどん

たけやま農産物直売所。まんじゅうは1つ1つビニールに入って売られている

昔の姿

1981年、木造駅舎の市城駅。1面1線は変わらないが大きな桜の木があった

貨車駅舎の市城駅（1996年）。特徴的な庇だけ今に残る

長野

信濃平

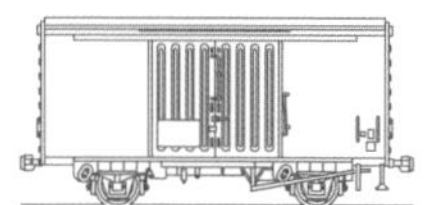

路線●飯山線（JR東日本）
開業●1923年7月6日
貨車駅舎化●1986年頃
貨車形式●ワフ29500

時刻表

越後川口方面〈下り〉		時刻	豊野方面〈上り〉	
		5	21	
07	47	6	31	
		7	07	46
04		8	26	
20		9	55	
		10		
22		11	58	
		12		
27		13	37	
		14		
06		15	44	
00		16	36	
25		17	57	
57		18		
		19	13	
16		20	33	
22		21		
		22		
47		23		

駅舎は旅立つ夢を見る?
信濃平駅
昔は貨物ホームがある大きな駅だった。
駅舎はかつて線路だった場所に置かれている。
豪雪地帯なので
積雪対策もきっちり。
飯山線
新潟
越後川口
糸魚川
豊野
信濃平
富山
長野
前橋
北陸新幹線
駅舎モデル:ワフ29500形
その姿は車輪こそ無いが、
停車中の緩急車さながら。
改造は施しつつ、残せるところは貨車
のままとしているところが多い。
駅案内
デッキは公衆電話用のスペースとなっている。(出入口としては使えない)
公衆電話の
ガードアクリルが
つけてある。
Zzz…
木製のベンチは後付け
だが内部の雰囲気に
合っている。
使うほど味が出そう。
床材を変えて元々の床から
少しかさ上げしている。
ポスト
デッキ扉は貨車時代
のままだけど使えない。
腰壁は後付けだが、
上部と天井はいじっていない
この鉄骨梁を境に
車掌室と荷室を分け
ていた。今は貫通。
乗車駅証明書発行機
ホーム側
掲示物も
整っている。
ゴミ袋
出入口の戸は撤去されてシャッターになっている
列車を待つうちに
眠りに落ちてしまう
旅人は、夜貨車に乗って
原風景を走り抜ける
夢なんかを見るのだろうか?
タタン…
ハッ
自生している、
ぽい草花
ねすごしちゃった
この穴は荷室用の
通気口だった。
荷室にある窓は全て後付け。

駅舎の奥には、駅舎より大きなホーム上屋が建っている

雰囲気

駅舎を出ると広い駐車場。その奥には田んぼが広がる

貨物ホームの跡。奥に見えるのが倉庫。ここから米の出荷がされていた

デッキ部分に置かれている公衆電話。かなりレアだ

さまざまな味のどら焼きが人気のかぢや儀兵衛

周辺案内

やすべえの家。お昼はやっぱりソースカツ丼

周囲一帯は一面の田んぼ。その中にポツンと信濃平駅はある。長野県の北部にある飯山市は米どころで、駅があるのはまさにその中心地の一角だ。かつて信濃平駅には米の出荷を行うための貨物ホームがあったほどで、当時使われていた倉庫もそのまま駅前に残り現在も使われている。

現在は１面１線の簡素なホームだが、かつては現在駅舎のある場所にも線路が通っており、１面２線の島式ホームになっていた。

信濃平は豪雪地帯で、冬には田んぼに積もった雪の上で『かまくらの里』が展開され、かまくら祭りが行われるほどだ。そのためか駅舎の出入口はシャッター式になっているほか、窓は外側にもう１つ窓が設けられて二重化されている。また屋根には雪下ろし作業用のロープが張ってあったり、雪が落ちないように雪止めもついている。ホームには駅舎より大きな屋根が掛けられているのが特徴的。

他の貨車駅舎と大きく違うのは、デッキ部分に公衆電話が設置されていること。駅舎内はシンプルにベンチと乗車証明書発行機があるだけ。ゴミ箱は撤去されておりビニール袋で用意されていた。

駅周辺は一面の田んぼだが、それを越えれば周りに住宅街が広がっている。食事処としておすすめは駅の西側、県道95号線と県道419号線が交わる場所近くにある『やすべえの家』。昼間はとんかつ、夜は居酒屋になるお店だ。このほか、県道419号線沿いには戸隠三社神社や、和菓子店の『かぢや儀兵衛』など見どころが多い。

昔の姿

1986年3月の信濃平。駅舎の場所は今とは違っている

1987年3月の信濃平。現在と違う窓枠に注目

長野

平原

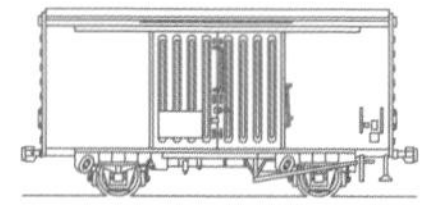

26

路線●しなの鉄道線（しなの鉄道）
開業●1952年1月10日
貨車駅舎化●1987年頃
貨車形式●ヨ5000

時刻表

長野方面〈下り〉	時刻	軽井沢方面〈上り〉
	5	51
38	6	32
20	7	04 35
03 32	8	19 49
	9	32
03 25	10	02 59
09 33	11	57
08 48	12	29
28	13	04 43
14 49	14	24
	15	05 45
01	16	26 52
00 26 53	17	34
22	18	26 59
13 46	19	28
21 52	20	02 37
46	21	15 47
16	22	43
08 47	23	

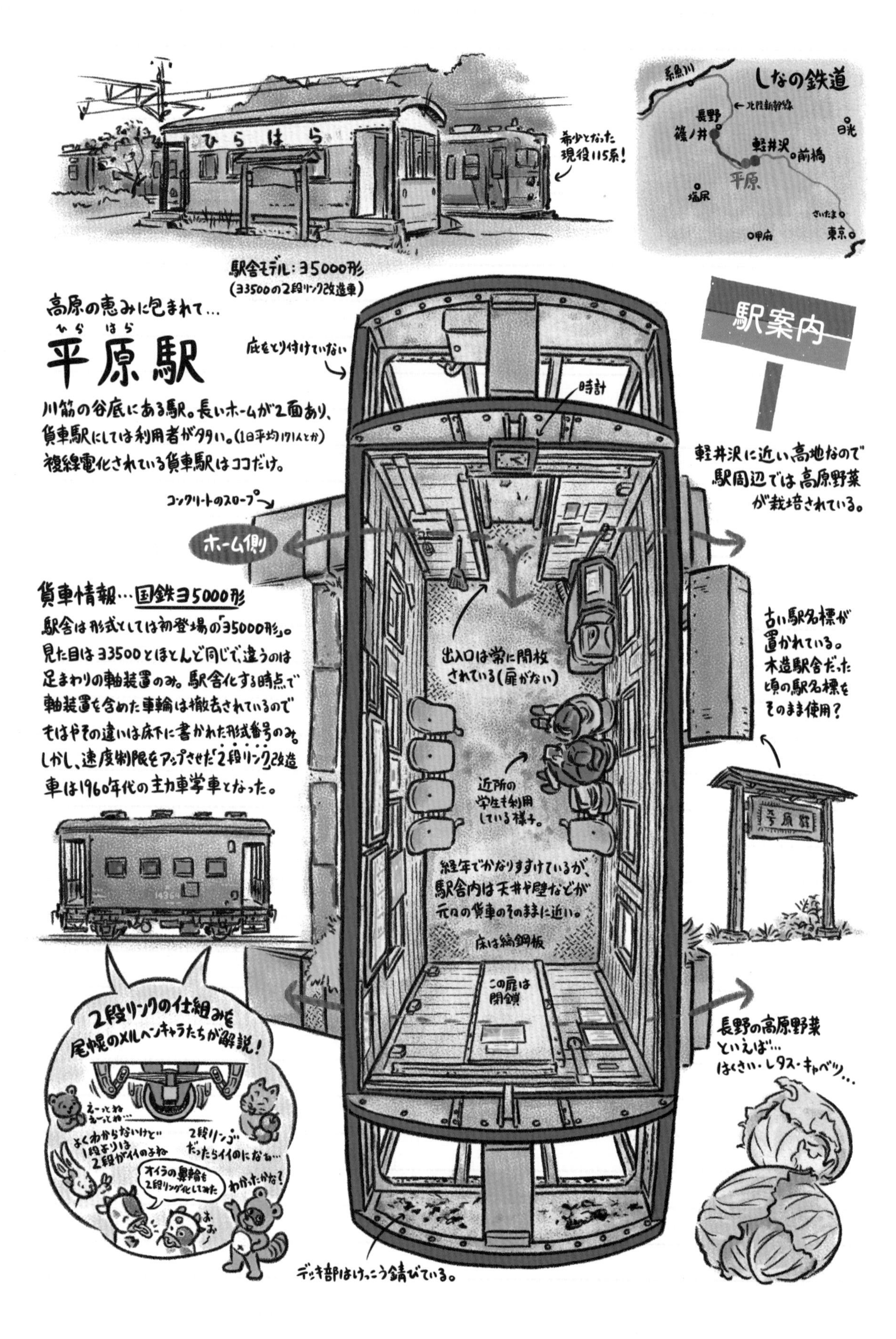

ひらはら
希少となった
現役115系!
しなの鉄道
糸魚川
←北陸新幹線
長野
篠ノ井
軽井沢
前橋
日光
平原
塩尻
さいたま
東京
甲府
駅舎モデル:ヨ5000形
(ヨ3500の2段リンク改造車)
高原の恵みに包まれて…
ひらはら
平原駅
川筋の谷底にある駅。長いホームが2面あり、
貨車駅にしては利用者が多い。(1日平均171人とか)
複線電化されている貨車駅はココだけ。
底をとり付けていない
駅案内
時計
軽井沢に近い高地なので
駅周辺では高原野菜
が栽培されている。
コンクリートのスロープ
ホーム側
貨車情報…国鉄ヨ5000形
駅舎は形式としては初登場の「ヨ5000形」。
見た目はヨ3500とほとんど同じで、違うのは
足まわりの軸装置のみ。駅舎化する時点で
軸装置を含めた車輪は撤去されているので
もはやその違いは床下に書かれた形式番号のみ。
しかし、速度制限をアップさせた「2段リンク」改造
車は1960年代の主力車掌車となった。
出入口は常に開放
されている(扉がない)
古い駅名標が
置かれている。
木造駅舎だった
頃の駅名標を
そのまま使用?
近所の
学生も利用
している様子。
経年でかなりすすけているが、
駅舎内は天井や壁などが
元々の貨車のそのままに近い。
床は縞鋼板
この扉は
閉鎖
2段リンクの仕組みを
尾幌のメルヘンキャラたちが解説!
えーっとね
えーっとね…
よくわからないけど
1段よりは
2段がイイのよね
2段リンゴ
だったらイイのになぁ…
オイラの鼻輪も
2段リング化してみた
わかったかな?
おお!
長野の高原野菜
といえば…
はくさい・レタス・キャベツ…
デッキ部はけっこう錆びている。

雰囲気

2面3線だが、中央の線路は使われていない。幹線だったのでホームはとても長い

目の前の丘の上に向かう道路が見える

周辺案内

舗装されている道路だが狭い1車線分。左右から木が生い茂っていて、ちょっとした秘境感。ただしすぐに開けた丘の上に出る

平原駅の前後にある丘を結ぶように掛けられている平原大橋。橋の上からは駅周辺が一望できる

駅舎とは反対側にある丘の途中にある一ツ谷稲荷神社。神社周辺も木に埋もれるような中にある

ここは本州関東以北で唯一の第3セクターにある貨車駅舎だ。北陸新幹線の軽井沢駅から鈍行で約20分という、交通的にも比較的便利な場所にある。以前はJR信越本線の駅だったが、1997年の北陸新幹線長野開業時に並行在来線として分離され、しなの鉄道の駅となった。

列車を降りてパッと目に入るのは長いホームと広い平野だ。けれどちょっと目を脇に向けるとまるで駅の両側から挟み込むように、森のような木々が迫っている。実は平原駅はちょっとした谷間にあるため、物語に出てくる緑あふれる里山のような雰囲気に包まれているのだ。実際には森ではなく、小高い丘に囲まれている。

長野方面へ向かうホームの脇には小川が流れており、越えた向こうには水田が広がっている。構内踏切を渡って軽井沢方面ホームにある駅舎から外に出ると、今度はキャベツ畑が広がっている。視線をあげれば、森のようなうっそうとした木々が目に入る。

駅舎のすぐ脇には桜の大木があるほか、ホームの西端には梅の木があり、春に訪れるのが正解かなと思わせる。

ヨ5000形の改造駅舎だが、窓はすべてガラスではなくアクリル製のものとなっているのが特徴。そのほか、テールライト部分に電球用のソケットがそのまま残されているめずらしい姿を見ることができる。

森の近い里山感満点だが、かといって人が降りないような秘境駅ではない。駅舎前の駐車場には常に数台の車が停めてあるほどだし、乗降客もそれなりにいる。

ただし駅間近には飲食店はなく、北側に1kmほど離れた国道141号線沿いまで歩く必要がある。

オススメは、駅舎側を出て丘を登り、谷間にかかる平原大橋へ向かうこと。駅周辺の景色を一望できる。さらにそのまま反対側にわたり、駅へ向かって降りていけば坂の途中に一ツ谷稲荷神社がある。ちょっとした森の中を進むような雰囲気を味わいながら坂道を抜けると水田の広がる平野。真夏に訪れれば、夏休み感に浸れることと思う。

昔の姿

1983年の木造駅舎。駅前が広い印象だ

1987年当時は東北新幹線カラーだった駅舎。後に塗り替えられ(写真は2012年)、現在はそれが色あせている

鳥取

御来屋

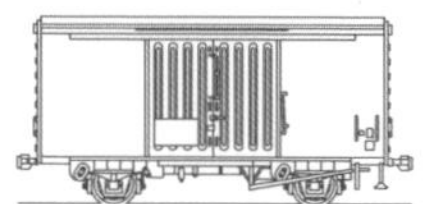

27

路線●山陰本線（JR西日本）
開業●1902年11月1日
貨車待合室設置●1984年3月30日
貨車形式●ヨ5000

時刻表

出雲市方面〈下り〉			時刻	鳥取方面〈上り〉		
			5	17		
02			6	02	29	56
12	38	39	7	28		38
49			8	49		
29			9	50		
15		59	10			
26			11	11		57
			12			
23			13	23		
			14	18		
34			15	34		
59			16	19		
25			17	27		
05			18	05		
07			19	07		52
05		53	20	36		
30		52	21	52		
49			22	49		
			23			

平日のみ　土日休のみ

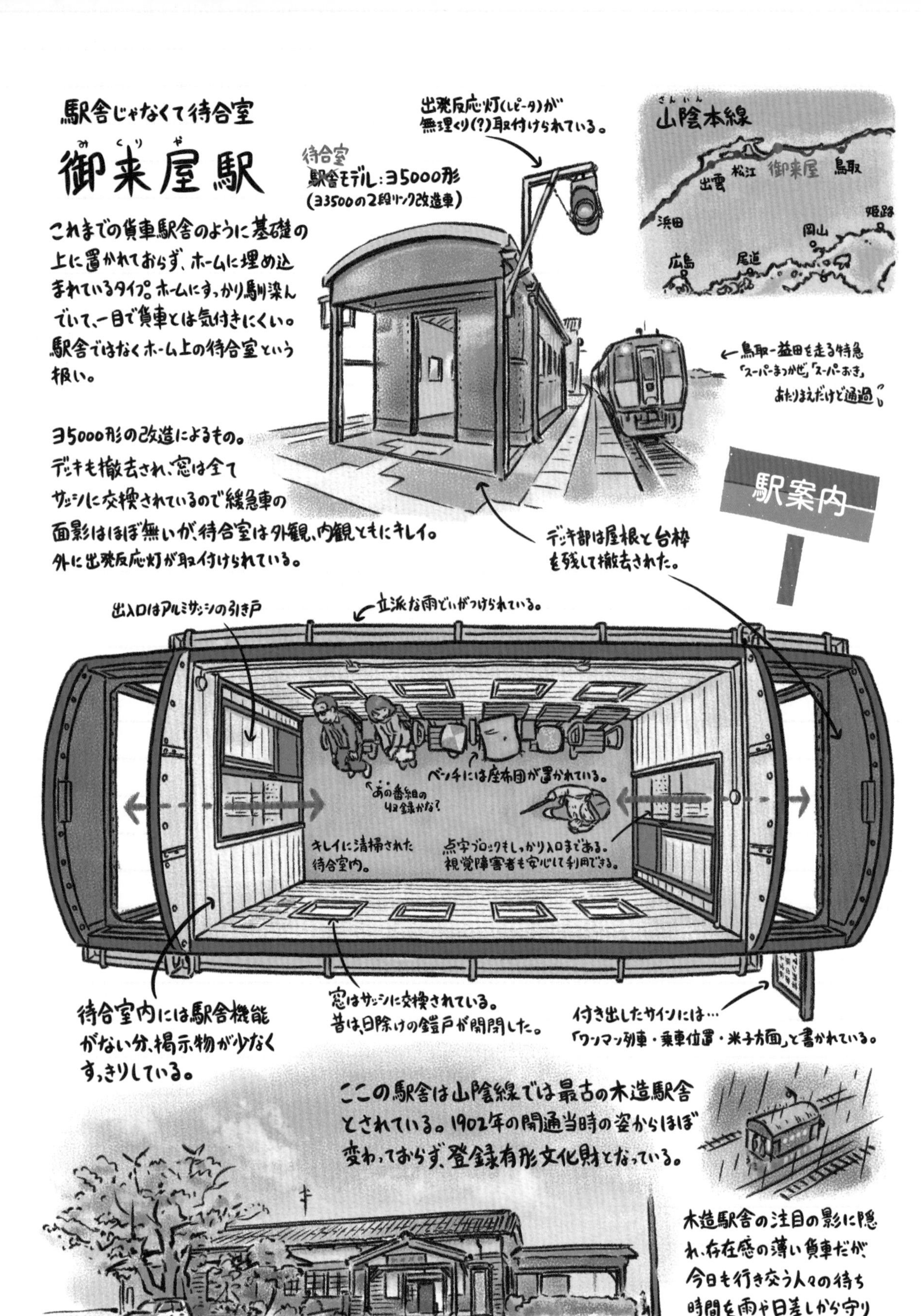

駅舎じゃなくて待合室
御来屋駅
みくりや
これまでの貨車駅舎のように基礎の上に置かれておらず、ホームに埋め込まれているタイプ。ホームにすっかり馴染んでいて、一目で貨車とは気付きにくい。駅舎ではなくホーム上の待合室という扱い。
~~駅舎~~待合室モデル：ヨ35000形
(ヨ3500の2段リンク改造車)
出発反応灯(レピータ)が無理くり(?)取付けられている。
さんいん
山陰本線
出雲
松江
御来屋
鳥取
浜田
姫路
岡山
広島
尾道
←鳥取ー益田を走る特急「スーパーまつかぜ」「スーパーおき」あたりまえだけど通過
ヨ35000形の改造によるもの。デッキも撤去され、窓は全てサッシに交換されているので緩急車の面影はほぼ無いが、待合室は外観、内観ともにキレイ。外に出発反応灯が取付けられている。
デッキ部は屋根と台枠を残して撤去された。
駅案内
出入口はアルミサッシの引き戸
立派な雨どいがつけられている。
ベンチには座布団が置かれている。
あの番組の収録かな?
キレイに清掃された待合室内。
点字ブロックもしっかり入口まである。視覚障害者も安心して利用できる。
待合室内には駅舎機能がない分、掲示物が少なくすっきりしている。
窓はサッシに交換されている。昔は日除けの鎧戸が開閉した。
付き出したサインには…「ワンマン列車・乗車位置・米子方面」と書かれている。
ここの駅舎は山陰線では最古の木造駅舎とされている。1902年の開通当時の姿からほぼ変わっておらず、登録有形文化財となっている。
木造駅舎の注目の影に隠れ、存在感の薄い貨車だが、今日も行き交う人々の待ち時間を雨や日差しから守り続けている。

雰囲気

駅を出ると広い道と住宅が広がっている

2面3線のホーム。右手にあるのが木造駅舎

山陰最古だという木造駅舎。きれいに保たれている

貨車を改造した駅施設第1号が、ここ御来屋駅の貨車待合室だ。なぜ待合室かというと、御来屋にはしっかりとした木造駅舎が建っているためだ。しかも山陰最古の駅舎らしく、春と秋に特別清掃が実施されている。

詳しい経緯は不明だが、貨車待合室が設置されたのは1984年の3月30日（ちなみに翌日の3月31日には、会津坂本に貨車駅舎が設置された）。ヨ5000形をベースにしているため、見慣れた感じかと思いきや、足元がホームに埋まっているためか不思議と貨車感がない。

駅は2面3線の交換駅で、ホームは跨線橋で結ばれている。1番線には木造駅舎があるため、2～3番線の待合室として貨車が活用されている。

駅前は住宅街なのだが、北に300 mも行けばそこはもう日本海。駅の反対側はひたすら田んぼが広がっており、夏にはサギがあちらこちらで見られる。そんな御来屋のスポットは、駅から北西へ600 mほどにある御来屋漁港。獲れたての魚の直売所があるほか、その2階には地魚料理の店『恵比寿』があり、日本海の景色を眺めながら魚を味わえる。

そんな漁港内には、あちこちにストリートアートが描かれているほか、奥に行くとまた別のスポットがある。『後醍醐天皇腰掛の岩』だ。これは、かつて倒幕に失敗し隠岐の島に流された後醍醐天皇が、島を脱出してたどり着き、一息ついて腰かけた岩と言われている。

この辺りの名産品といえば「板わかめ」。大きなわかめをそのまま乾燥させて板状のまま売っているものだが、高いものは贈答品にも使われる品だ。春先からゴールデンウィークの頃まで販売されているが、シーズン外でも買えるスポットがある。それが駅から南へ1 kmほどにある『道の駅大山恵の里』。地の食材を多く取り扱っており、気になったら一度は寄っておきたい場所だ。

またその近くにある『たまご屋工房風見鶏』もおすすめ。養鶏場が経営しているスイーツのお店で、厚めの皮でサックり、でもふんわり触感で香ばしさにあふれるシュークリームが人気だ。

周辺案内

駅の裏手に広がる水田。とても穏やかな景色

後醍醐天皇腰掛の岩。松の木とともに祀られている

御来屋漁港。奥左側の青い2階建ての建物の1階が直売所、2階が恵比寿

漁港内には「御来屋ストリートアート」と呼ばれる絵が、堤防や建物の壁に描かれている

これが板わかめで、大体A4サイズほどの袋。もっと大きいものもある

たまご屋工房風見鶏。プリンやソフトクリームなども美味しい

山口

清流新岩国

路線●錦川清流線（錦川鉄道）
開業●1960年11月1日
貨車待合室設置●1987年7月25日
貨車形式●コキフ50000

時刻表

錦町方面〈下り〉	時刻	岩国方面〈上り〉
	5	
	6	33
13	7	49
45	8	
	9	20
09	10	43
26	11	
	12	
	13	25
36	14	
	15	12
19	16	57
59	17	
	18	35
19	19	54
33	20	
48	21	10
	22	
	23	

10

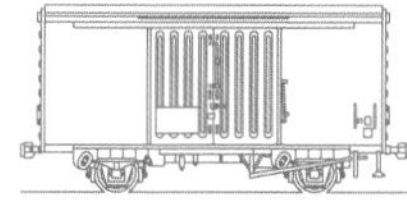

私の名は…

清流新岩国駅（せいりゅうしんいわくに）

1987年にJRから第三セクターの錦川鉄道に移管された無人駅。近くに山陽新幹線の新岩国駅があるが乗換駅指定にはなっていない。

長い築堤の上にある駅周辺には桜の木が植わっていて毎年春が楽しみ。

貨車情報…国鉄コキフ50000形
1970年代に製作されたコンテナ用貨車に車掌室をとり付けた緩急貨車である。350両あった。

駅舎（待合室）モデル：コキフ50000形（×2）

こちらも一応待合室という扱いなのだが、内部にはベンチもなく、いまひとつどう利用すれば良いのか……わからない。

駅舎（待合室）はコキフを2つ繋いで1つの空間としている。

工作っぽく考えると…つまり…

①コキフを2つ用意

②トイレがある後部をぶった切る！（屋根上機器も外しちゃおう）

スパッ

ガチャン

③切ったコキフの端部どうしを接着する。

④ステキに塗装して完成！

※ちょっとウェザリングすると更にイイぞ！

外観にひっそりと改称前の駅名が残されている。国鉄によって作られ、設置された貨車だったが、移管後の駅名改称（2013年）にとり残されるように、ボロボロになった車体で今日も旧駅を名乗る姿は、どこか切ない。

便利な待合室として大切にされ続けることを願う。

御庄駅
MISHO

雰囲気

駅は左手の階段を上がった先。
右手は新岩国駅への通路

1面1線のホーム。奥に見えるのは山陽新幹線の高架橋

山陽新幹線の新岩国駅。
駅出入口は西側のみ

周辺案内

大歳神社の境内。
周りは緑一色

仕込み水として使われている
井戸水が「厳流井戸」として
開放されいる

村重酒造。敷地内に直営店が展開されている

長く高い築堤の上にある清流新岩国駅は、第3セクターの鉄道会社、錦川鉄道の駅だ。元々は国鉄岩日線の御庄駅だったが、1987年4月にJR西日本の駅となり、その3か月後の7月25日に錦川鉄道へ移管され、錦川清流線の駅となった。駅舎も国鉄時代に広島車両所にて改造されていたものだが、錦川鉄道の開業同時に設置されている。

山陽新幹線の新岩国まで約300mと近いことから、連絡駅アピールの意味も込めて2013年3月16日に清流新岩国と名前を変えている。

実際、ホームの目の前に山陽新幹線の高架が見えており、高架の下を通って両駅に行けるので乗換駅になっていてもおかしくないほどだ。

駅の周辺は基本的に住宅地だが、商店や喫茶店などもある。清流新岩国は無人駅ではあるものの、近くに新幹線駅があるおかげもあって駅を降りての散策に不便はない。

気になるスポットは、新幹線の駅の裏手、県道1号線沿いにある造り酒屋『村重酒造』だ。創業は明治期で、伝統的な「村重」シリーズのほか、挑戦的な「金冠黒松」シリーズ（ロックで飲む日本酒や、バーボン樽で熟成させた日本酒など）などを手がけている。村重酒造では敷地内にある井戸水で、洗米から仕込み水までをまかなっており、その一部が『厳流井戸』として一般に開放されており誰でも汲めるようになっている。また直接お酒を買えるショップが併設されており、試飲なども可能だ。

駅から南東に500mほど行くと、御庄川のほとりの丘の上に大歳神社がある。川の景観と合わせていい雰囲気だが、境内まで上ると生い茂った木々のおかげで視界は緑一色になっている。

昔の姿

1982年の国鉄御庄駅。この頃、貨車の待合室はなくホームのみ

錦川鉄道開業後の1996年。車両と待合室の色が合わせられていた

香川

箕浦

路線●予讃線（JR四国）
開業●1916年4月1日
貨車駅舎化●1984年11月26日
貨車形式●ワラ1

時刻表

松山方面〈下り〉		時刻	高松方面〈上り〉	
		5		
13	43	6	43	
26		7	11	52
04		8	15	59
21		9	55	
47		10	47	
50		11	50	
49		12	49	
50		13	50	
50		14	23	
		15	23	
02	34	16	24	
14	54	17	26	
20		18	20	49
07		19	55	
04		20		
25		21	24	
46		22	46	
		23		

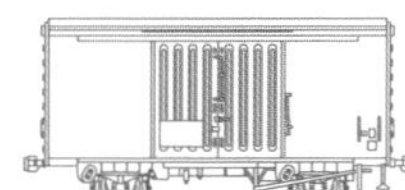

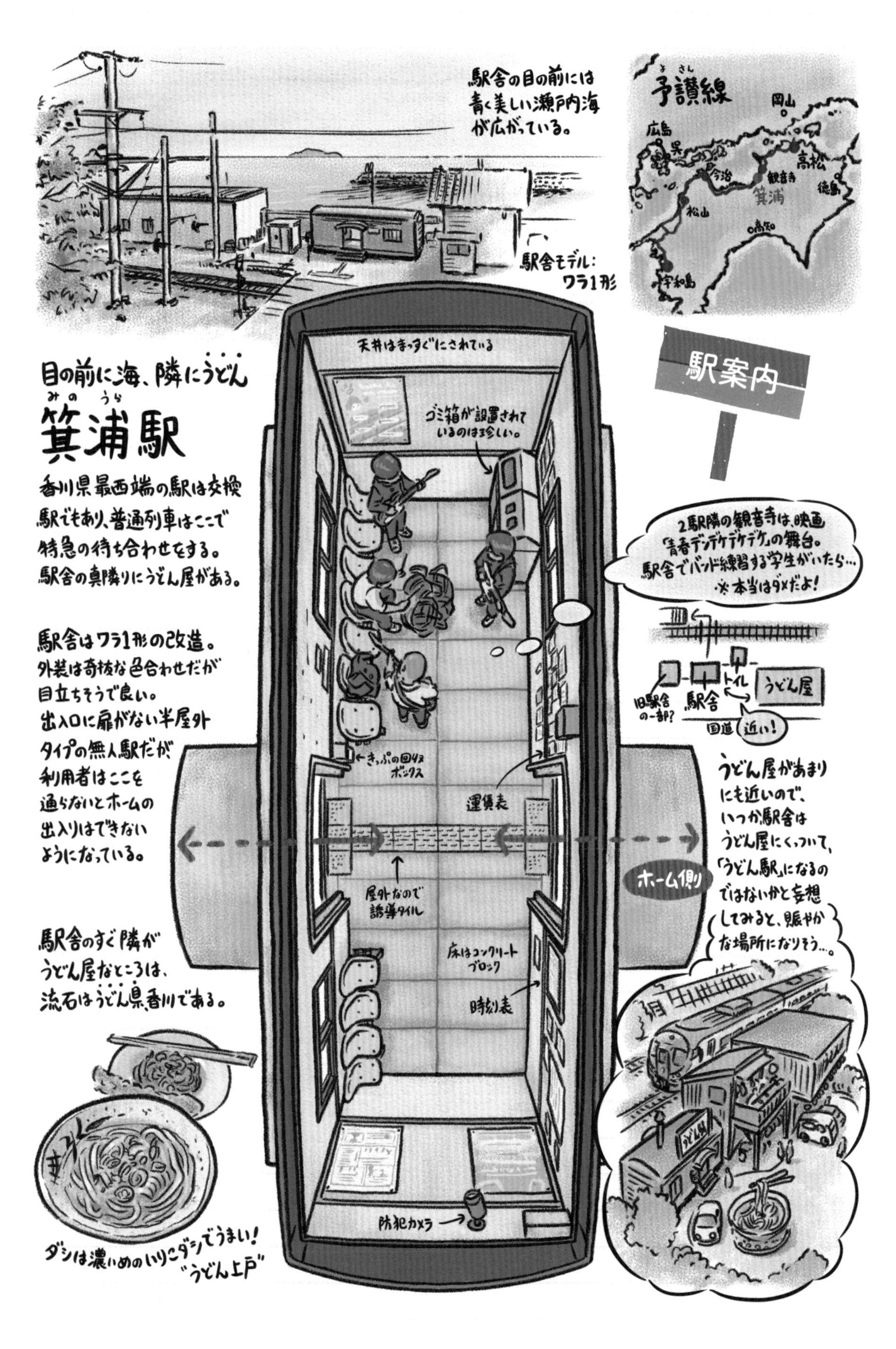

駅舎の目の前には
青く美しい瀬戸内海
が広がっている。
駅舎モデル：
ワラ1形
予讃線
岡山
広島
呉
今治
観音寺
高松
箕浦
徳島
松山
高知
宇和島
駅案内
目の前に海、隣にうどん
箕浦駅
みのうら
香川県最西端の駅は交換駅でもあり、普通列車はここで特急の待ち合わせをする。駅舎の真隣りにうどん屋がある。
駅舎はワラ1形の改造。外装は奇抜な色合わせだが目立ちそうで良い。出入口に扉がない半屋外タイプの無人駅だが、利用者はここを通らないとホームの出入りはできないようになっている。
駅舎のすぐ隣がうどん屋なところは、流石はうどん県香川である。
天井はまっすぐにされている
ゴミ箱が設置されているのは珍しい。
きっぷの回収ボックス
運賃表
屋外なので誘導タイル
床はコンクリートブロック
時刻表
防犯カメラ
2駅隣の観音寺は、映画「青春デンデケデケデケ」の舞台。駅舎でバンド練習する学生がいたら…
※本当はダメだよ！
旧駅舎の一部？
駅舎
トイレ
うどん屋
国道
近い！
ホーム側
うどん屋があまりにも近いので、いつか駅舎はうどん屋にくっついて、「うどん駅」になるのではないかと妄想してみると、賑やかな場所になりそう…。
うどん駅
ダシは濃いめのいりこダシでうまい！
"うどん上戸"

うどん県唯一の貨車駅が箕浦だ。隣の駅は愛媛県の川之江、つまり県境……ここは香川県最西端の駅。端っこだろうがなんだろうがうどん県である。豊洲機関区さんのイラストにもあるように、駅の真隣りはうどん屋さんだ。だがそれが最西端のうどん屋というわけでもなく、ここからさらに愛媛寄りにまだまだうどん屋はある。

箕浦は、海が間近に見える唯一の貨車駅。列車を降りた瞬間から気持ちのいい海にさそわれるような場所だが、目の前に広がる瀬戸内海の燧灘では、実はいりこの原料となるカタクチイワチがよく獲れるのである。いりこといえば、讃岐うどんの出汁には必須の存在。つまり香川最西端にして、うどんを味わうのに最適な駅と言ってもいいだろう。

駅のすぐ目の前は国道 11 号線。大型トレーラーなどが頻繁に行きかう幹線道路で、かなり交通量は多い。その向こうが海岸線だが、砂浜ではなく岩場だ。駅の裏は丘になっていて、民家や小さな田んぼなどがある。ホームから見える擁壁には桜の木があり、春にはいい景色になりそうだ。

ホームは1面2線の交換駅で、駅舎からホームへは構内踏切を通ってわたる形だ。このほか保守用の側線がある。

おすすめスポットは駅隣の『うどん上戸』。燧のいりこをふんだんに使った出汁に腰の強い太めのうどんでファンも多く、トレーラーや車が次々とやってくる。ただし 14 時閉店なので気をつけよう。さらに国道 11 号線沿いを西へ 500 m ほど行くと『うどん武蔵』がある。こちらは上品めのいりこ出汁に中太のうどんだ。どちらの店も線路の真横にあるため、列車を見ながら食べられる。

うどん武蔵に行く途中にある箕浦漁港はビュースポット。堤防の先まで歩いていけば、燧灘を一望できるだけではなく、箕浦駅を海越しで捉えることができる。

雰囲気

基本的に停車や通過列車は2番線（奥）で、列車交換があるときは1番線

駅を出ると目の前は国道11号線と海だ

周辺案内

うどん上戸。澄んだ出汁だが味は濃厚。出汁だけの販売もしている

うどん武蔵。出汁の色は濃いめだが上品な味だ

昔の姿

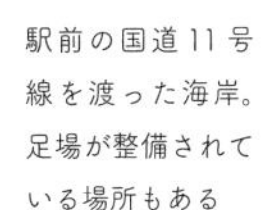

貨車駅舎になって少し後の 1986 年。駐輪場があったようだ

駅前の国道11号線を渡った海岸。足場が整備されている場所もある

駅から徒歩5分ほどにある、小さな箕浦漁港。堤防の先で海風に吹かれたい

愛媛

堀江

路線●予讃線（JR四国）
開業●1927年4月3日
貨車駅舎化●1984年11月
貨車形式●ワラ1

松山方面〈下り〉		時刻	高松方面〈上り〉	
59		5		
54		6	06	54
27	53	7	34	
18	39	8	03	54
08	48	9	48	
15	58	10	58	
		11	38	
		12	20	
05		13	23	
16	57	14	07	37
		15	23	57
02	23	16	44	
27		17	17	55
09	38	18	20	
08	34	19	22	
04		20	22	
01	55	21	31	
05	55	22	20	
40		23	02	

時刻表

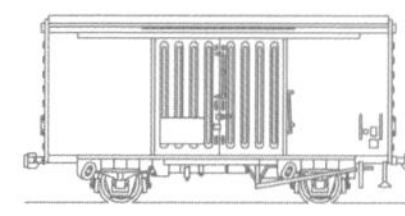

30

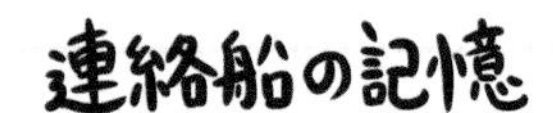

連絡船の記憶

堀江駅

（ほりえ）

戦後、国鉄が運航していた
鉄道連絡船(1946～1982)
が出る堀江港を接続する駅
であった。今ではその面影は
薄いが、駅から徒歩5分ほどの
港には、連絡船(仁堀航路
跡)の石碑がある。

自動券売機

掲示板

ナカマ
ミツケタ…

東久根別から
やってきた無人探査
ロボットがついに
仲間を見つけた!?
(※妄想です。)

時刻表

堀江港をはじめ、駅周辺
にはいろいろな施設、飲食店
があり、貨車駅舎(無人駅)
の周辺環境としては
なかなか充実している方だ。

ワラ1形からの改造駅舎。
同じ予讃線の無人貨車駅
として、窓や庇、ステップ
などは、箕浦と共通
させている。

↓はその1つ、"ラドビ"
レストラン&カフェ
テラス席は海を一望
できる絶好スポット。

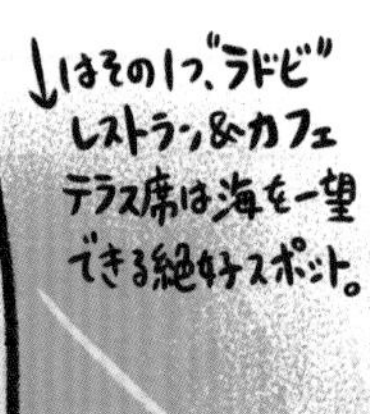

内部は明るく
清掃もされている。
箕浦とは壁材
やベンチなどが
微妙にちがう。

JR四国のPRポスターが多め。

ヒトダチ…
タノシイ…

イラスト：
豊洲機関区

雰囲気

駅を出ると住宅街。すぐ目の前は駐車場だ

2面2線で長いホーム。右手奥に駅舎がある

現役の貨車駅舎の中では最南端に位置するのが堀江だ。外観からも分かるように、箕浦の駅舎と同時に作られており、窓や庇、ステップなども含めてほぼ一緒だ。ただし1か所だけはっきりと違う箇所がある。駅舎前面入り口わきに銀のプレートがつけられているのだ。これは、四国をかたどった図にJR四国の路線図が入れられ、松山、高松、高知、徳島の位置が入れられたもの。さらに左下には、堀江駅の位置情報と『旧国鉄連絡船「仁堀航路」の駅』と入れられている。

堀江は、愛媛県の県庁所在地・松山駅からJRで3駅。一般の利用客以外に学生も多く、駅前には多くの自転車が停められている。無人駅なのが不思議なくらいだが、バスも頻繁に走っていることも影響しているのかもしれない。

駅周辺は郊外の住宅街、というより松山市街地からずっと住宅街が続いている印象だ。ただ、駅の裏手にマンションがある以外特に高い建物はない。駅の真横にだけ少し田んぼがあるため、郊外感が強い。

人口も多く豊かな街並みで、街を歩いていると気になる飲食店にいくつか行き当たる。本書で紹介している貨車駅舎のある街の中で、一番気楽に過ごせる場所だろう。

駅は2面2線で上りホームに駅舎がある。下りホームへは跨線橋を渡っていくが、面白いことにホームのすぐ横の田んぼにある細い道が、駅のもう一つの出入り口となっている。また、桜の木が植えられており、春にはなかなか見ごたえがありそうだ。

周辺のスポットといえば、やはり駅から北西へ300mほどの堀江港だろう。かつての仁堀航路の跡のほか、脇にはきれいな砂浜が広がっている。また周辺には人気の飲食店もある。港のすぐ目の前にある『みなと食堂』は松山らしい食を楽しめるお店。じゃこ天、おでん（松山風）、釜揚げシラス、そしてなんといっても鍋焼きうどん。松山の鍋焼きうどんは、小さなアルミ鍋で提供される甘めの出汁のやわらかめのうどんだ。

また港の脇にある『ラドビ』は、船をテーマにしたレストラン＆カフェ。建物の2階にあるため、テラス席は瀬戸内海を一望できる絶好のロケーションで美味しい食事を楽しめる。

周辺案内

テラス席からの眺めが素晴らしいラドビ。店内も船モチーフで充実している

みなと食堂の鍋焼きうどんは、昆布と4種類の削り節の出汁で甘じょっぱくて美味しい

堀江港は、現在は釣り客が訪れたり、景観を楽しめるスポットだが、かつては広島県の仁方港と航路で結ばれていた。現在はわずかにその面影を残すのみだ

仁堀航路

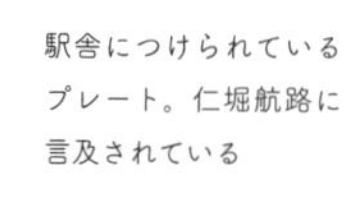

駅舎につけられているプレート。仁堀航路に言及されている

仁方と堀江を結んでいた鉄道連絡船。写真は1975年の7月。仁方近くを航行していた瀬戸丸

港に仁堀航路の面影はほぼ残ってはいないが、石碑が残されている

堀江港と堤防をはさんで右手には綺麗な砂浜が広がっており、瀬戸内海に広がる島々が見られる。夏には海水浴をする地元の人の姿も見られる

港周辺

堀江港にある海の駅『うみてらす』。誰でも立ち寄れる無料休憩所で、Wi-Fiも完備。2階は展望デッキになっており瀬戸内海に広がる島々を眺めることができる

昔の姿

上は2021年9月、下は2021年10月。左側にあった白い建物は木造駅舎時代の事務室だった場所で、詰所として最近まで残っていたが、現在はすっかり撤去されている

1986年の堀江駅の様子。駅表札が庇の上にあったり、杉の木があったりした

貨車情報…国鉄ワム60000形
15t積、2段リンクの汎用有蓋貨車。
「車扱急行列車」の専属運用などで活躍した。

かつて
貨車駅舎の
あった駅

写真：西崎さいき

芦川

読み　あしかわ
路線　宗谷本線（JR北海道）
開業　1926年9月25日
貨車化　不明
廃止　2001年7月1日

ヨ 3500 形改造の駅舎だったが、利用客減少のために宗谷本線の貨車駅舎駅としては最も早く廃止となった。
現在は個人が駅舎を移設し保有している。

写真：西崎さいき

上幌延

読み　かみほろのべ
路線　宗谷本線（JR北海道）
開業　1925年7月20日
貨車化　1986年頃
廃止　2021年3月13日

ヨ 3500 形改造の駅舎。かつては幌延市街地より栄えていた。
鉄道開業のため幌延市街地へ中心が移っていき、寂れていった珍しい駅。廃止後の 2021 年 8 月に駅前に駅舎を移設保存した。

写真：西崎さいき

安牛

読み　やすうし
路線　宗谷本線（JR北海道）
開業　1925年7月20日
貨車化　不明
廃止　2021年3月13日

Before

After

ヨ 3500 形改造の駅舎。かつては商店や日通などもあったが、現在は駅周辺に人家はない。
夏は虫に駅が占領されていたそうだ。廃止後は駅前跡に駅舎を移設保存している。

恩根内

読み　おんねない
路線　宗谷本線（JR北海道）
開業　1911年11月3日
貨車化　1986年頃
改築　1993年頃

Before

After

ヨ 3500 形改造の駅舎だったが 1993 年頃に現在の駅舎に改築された。宗谷本線の貨車駅舎の中では一番短命だった。
現在は旧恩根内中学校跡地付近に置かれている。

紋穂内

読み　もんぽない
路線　宗谷本線（JR北海道）
開業　1911年11月3日
貨車化　不明
廃止　2021年3月13日

ヨ 3500 形改造の駅舎でかつては他の貨車駅と同様に交換駅だった。
廃止後の 2021 年 7 月末に駅舎は解体され、ホームも崩された。

智東

読み　ちとう
路線　宗谷本線（JR北海道）
開業　1924年6月1日
貨車化　1986年頃
廃止　2006年3月18日

開業以来駅として通年営業してきたが、民営化時に臨時駅へ降格された。冬季は周辺の道が除雪されず秘境駅として人気があった。駅舎はヨ 3500 形改造で、廃止後は仁宇布にある「トロッコ王国美深」に移設されている。

写真：西崎さいき

舎熊

読み　しゃぐま
路線　留萌本線（JR北海道）
開業　1921年11月5日
貨車化　不明
廃止　2016年12月5日

Before

After

ヨ3500形改造の駅舎。駅前の道をまっすぐ進むと日本海に突き当たる。
そのため海風の影響をモロに受け、末期は外装に化粧板を施工していたようだ。

写真：西崎さいき

礼受

読み　れうけ
路線　留萌本線（JR北海道）
開業　1921年11月5日
貨車化　不明
廃止　2016年12月5日

Before

After

ヨ3500形改造の駅舎。高台にあり、駅から日本海を一望することができる。
現在も駅舎は残っているが、デッキ部分の壁が剥がれ落ちているなど痛々しい姿になっている。

写真：真田 仁

瀬越

読み　せごし
路線　留萌本線（JR北海道）
開業　1926年7月1日
貨車化　不明 ｜ 撤去　不明
廃止　2016年12月5日

Before

After

写真：西崎さいき

海水浴客のための仮乗降場として開業。1969 年に臨時駅へ昇格した。
ヨ 3500 形改造の駅舎だったが、海風の影響か早々にコンクリート造りの待合室に改築された。

写真：西崎さいき

幌成

読み　ほろなり
路線　深名線（JR北海道）
開業　1926年11月10日
貨車化　不明
廃止　1995年9月4日

Before

After

ヨ 3500 形改造の駅舎で旭川鉄道管理局の標準的な貨車駅舎スタイル。また深名線の貨車駅舎は当駅だけだった。
廃止後に駅近くの機械修理工場に移設された。

伊納

読み　いのう
路線　函館本線（JR北海道）
開業　1900年5月11日
貨車化　1985年頃
廃止　2021年3月13日

ヨ 3500 形改造の駅舎で 2 両並んで置かれていたが、近隣の旭川北都商業高校が 2011 年に閉校したことで利用客が激減し、その後は駅舎も 1 つに減らされた。

南弟子屈

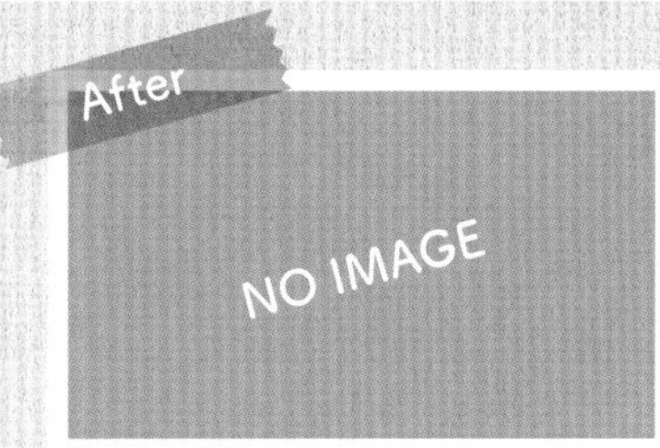

読み　みなみてしかが
路線　釧網本線（JR北海道）
開業　1929年8月15日
貨車化　1986年11月1日
廃止　2020年3月14日

ヨ 3500 形改造の駅舎で、改築の際に元々あった木造駅舎は売りに出され 1 万 500 円で落札され、解体された。
廃止後に貨車駅舎は郷土資料として摩周観光文化センターに移設保存されている。

五十石

Before

After

読み　ごじっこく
路線　釧網本線（JR北海道）
開業　1927年9月15日
貨車化　1986年11月
廃止　2017年3月4日

釧路車両所で改造されたヨ 3500 形の駅舎。2000 年 1 月～ 2015 年度までの毎冬には SL 冬の湿原号に連結された現役のヨ 3500 形がほぼ毎日一往復この駅を通過していた。

写真：西崎さいき

花咲

Before

After

読み　はなさき
路線　根室本線（JR北海道）
開業　1921年8月5日
貨車化　1986年11月1日
廃止　2016年3月26日

ヨ3500形改造の駅舎。釧路車両所で改造され、釧路鉄道管理局の職員らが休日返上で壁に絵を描いた。
駅舎は廃止後近隣の牧場に移設され、駅跡には記念モニュメントが設置された。

中小屋

Before

After

読み　なかごや
路線　札沼線（JR北海道）
開業　1935年10月3日
貨車化　不明
廃止　2020年5月7日

ヨ 3500 形改造の貨車駅舎で両端のデッキ共に塞がれていないオリジナルタイプ。
隣の本中小屋駅と共に駅舎の横に物置が一体になるように建てられており独特のスタイルになっている。

本中小屋

Before

After

読み　もとなかごや
路線　札沼線（JR北海道）
開業　1935年10月3日
貨車化　不明
廃止　2020年5月7日

ヨ3500形改造の貨車駅舎で読みは「もとなかごや」。隣の中小屋駅と駅舎の形がよく似ている。
中小屋温泉最寄り駅。現在も駅舎は現地に残っている。

石狩金沢

Before

After

読み　いしかりかなざわ
路線　札沼線（JR北海道）
開業　1935年10月3日
貨車化　不明
廃止　2020年5月7日

ヨ 3500 形改造の貨車駅舎で両端のデッキが塞がれていない札幌鉄道管理局管内の貨車駅舎に多いスタイル。
現在の札沼線終点駅である隣の北海道医療大学駅からは 2 km 程度しか離れていない。

釜谷臼
（あいの里公園）

Before

After

読み　かまやうす
路線　札沼線（JR北海道）
開業　1958年7月1日
貨車化　1986年11月1日
改築　1990年11月21日

1986 年のあいの里教育大駅開設に伴い 630m 終点寄りへ駅移転した際にワム 60000 形を改造した駅舎となった。
駅周辺は急速に発展し、終始発列車の設定や駅名も変更され、貨車駅だった頃の面影は全くない。

夕張

Before

After

読み　ゆうばり
路線　石勝線夕張支線（JR北海道）
開業　1892年11月1日
貨車化　1985年10月13日
移転　1990年12月26日｜撤廃止 2019年4月1日

炭砿閉山などの影響で駅を市中心部に移転した際にワフ 29500 形 2 両とワム 80000 形 1 両の改造駅舎となった。
車内には水洗トイレがあり、冬季はスチーム暖房も通っていた。車輪のついた貨車駅舎はここだけであった。

蕨岱

Before

After

読み　わらびたい
路線　函館本線（JR北海道）
開業　1904年10月15日
貨車化　1987年1月1日
廃止　2017年3月4日

ヨ 3500 形改造の駅舎で本編にある中ノ沢駅に作りが似ている。
蕨岱駅は国鉄・JR を通じて五十音順で最後の駅であった。現在は埼玉県にある蕨駅が最後の駅となっている。

写真：西崎さいき

節婦

読み　せっぷ
路線　日高本線（JR北海道）
開業　1926年12月7日
貨車化　1905年6月9日
改築　1987年頃 ｜ 廃止　2021年4月1日

写真：西崎さいき

ヨ 3500 形改造の貨車駅舎。競走馬の一大産地 新冠町にある当駅は近くに日高軽種馬共同育成公社があり、駅舎にはサラブレットが描かれていた。

元写真：赤田雅昭　イラスト：豊洲機関区

東静内

読み　ひがししずない
路線　日高本線（JR北海道）
開業　1933年12月15日
貨車化　1987年頃
改築　1994年2月1日 ｜ 廃止　2021年4月1日

ワフ 29500 形改造の貨車駅舎。駅近くには自衛隊の静内対空射撃場があり、日本で唯一高射機関砲・短距離対地ミサイルの実射訓練ができる。

写真：西崎さいき

春立

Before

After

読み　はるたち
路線　日高本線（JR北海道）
開業　1933年12月15日
貨車化　不明
改築　1996年2月1日 ｜ 廃止　2021年4月1日

ヨ3500形改造の貨車駅舎。駅の所在する新ひだか町も含め日高地方は軽種馬の主産地で牧場が多く
線路からすぐのところに馬が群れている様子が見られた。

元写真：赤田雅昭　イラスト：豊洲機関区

日高三石

Before

After

読み　ひだかみついし
路線　日高本線（JR北海道）
開業　1933年12月15日
貨車化　不明
改築　1993年頃 ｜ 廃止　2021年4月1日

改造貨車を2両使用した貨車駅舎だった。
貨車駅舎化当初は簡易委託駅だったが、後に無人化され『ふれあいサテライトみついし』に改築された。

写真：西崎さいき

荻伏

読み　おぎふし
路線　日高本線（JR北海道）
開業　1935年10月24日
貨車化　不明
廃止　2021年4月1日

ワフ 29500 形改造の貨車駅舎。旧貨物室部分を改造して出札窓口を設置していた簡易委託駅だったが2011 年 6 月から無人駅となった。駅舎外装は浦河高校美術部によって描かれた。周囲は住宅街になっていいる。

写真：西崎さいき

鵜苫

読み　うとま
路線　日高本線（JR北海道）
開業　1937年8月10日
貨車化　1987年頃
廃止　2021年4月1日

ワフ 29500 形改造の貨車駅舎。駅舎外装は様似中学校美術部の生徒らによって描かれた。
国道から一段高いところに駅があった。

写真：西崎さいき

西様似

Before

After

読み　にしさまに
路線　日高本線（JR北海道）
開業　1937年8月10日
貨車化　1988年頃
廃止　2021年4月1日

ヨ 3500 形改造の貨車駅舎。駅舎外装は様似中学校美術部の生徒らによって描かれた。
駅舎横にある正面を向いた駅名標は札幌鉄道管理局管内にある貨車駅舎の駅にはほぼ設置されていた。

中須田

Before

After

読み　なかすだ
路線　江差線（JR北海道）
開業　1955年3月5日
貨車化　1986年12月23日
廃止　2014年5月14日

ヨ 3500 形改造の貨車駅舎。1948 年に仮乗降場として開設され、その後昇格した。
駅開業前この辺りの人々は桂岡駅を利用していたそうだ。

桂岡

Before

After

読み　かつらおか
路線　江差線（JR北海道）
開業　1936年11月10日
貨車化　1986年12月23日
廃止　2014年5月12日

ヨ3500形改造の貨車駅舎。昔は交換駅で線路のあった位置にこの駅舎が設置された。
湯ノ岱～上ノ国にかけての江差線は近くに天の川という川が流れている。

吉堀

Before

After

読み　よしぼり
路線　江差線（JR北海道）
開業　1935年12月10日
貨車化　1986年12月23日
廃止　2014年5月12日

ヨ3500形改造の駅舎で、昔島式ホームの線路のあった位置に設置された。
廃止後の現在は線路は撤去されたものの駅やホームは健在で草むらに埋もれている。

写真：西崎さいき

鶴ヶ坂

Before

After

写真：西崎さいき

読み　つるがさか
路線　奥羽本線（JR東日本）
開業　1933年1月20日※
貨車化　不明
改築　2007年7月1日
※信号場としては1929年11月15日

鶴ヶ坂信号場として開業し後に駅へ昇格した。ワム80000形から改造され、駅の出入口には覆いがある。かつては本州最北の貨車駅舎であった。

写真：西崎さいき

石川

Before

After

写真：西崎さいき

読み　いしかわ
路線　奥羽本線（JR東日本）
開業　1916年7月7日
貨車化　1986年3月1日
改築　2006年8月1日

ワラ1形改造の駅舎で後に駅舎横に待合室が建てられ、この駅舎と繋げられた。同名の駅が弘南鉄道大鰐線にもあるが、義塾高校前駅の方が当駅からは近い。

写真：西崎さいき

長峰

読み　ながみね
路線　奥羽本線（JR東日本）
開業　1952年12月1日
貨車化　不明
改築　2007年7月1日

Before

After

写真：西崎さいき

ワム80000形改造の駅舎で駅出入口には覆いがある。
駅を現在の建物に改築後も屋根部分は無いが、この出入口覆いの一部が残されている。

松神

読み　まつかみ
路線　五能線（JR東日本）
開業　1932年10月14日
貨車化　不明
改築　2003年1月1日

Before

After

ワム80000形改造の駅舎で駅出入口にはマンサード屋根を模したような覆いがある。
海は近いが草木があり駅からは望めない。

写真：西崎さいき

下川沿

Before

After

写真：西崎さいき

読み　しもかわぞい
路線　奥羽本線（JR東日本）
開業　1954年5月1日※
貨車化　1987年2月1日
改築　2006年7月1日
※仮乗降場としては1950年7月25日

仮乗降場として開業し後に駅へ昇格。駅の出入り口には覆いがあった。
ワム80000形改造の駅舎で総工費は450万円だという。

写真：西崎さいき

糠沢

Before

After

写真：西崎さいき

読み　ぬかざわ
路線　奥羽本線（JR東日本）
開業　1956年12月3日
貨車化　1988年頃
改築　2009年7月1日

ワム80000形改造の駅舎で駅出入口に覆いがある。改築後は地元の北秋田市に伝わる綴子大太鼓を模した駅舎となった。
駅舎のサイズはギネス認定の大太鼓とほぼ同寸法だという。

前山

読み　まえやま
路線　奥羽本線（JR東日本）
開業　1951年3月1日
貨車化　不明
改築　2008年7月1日

1929 年に前山信号場として開業し、駅へ昇格した。
ワム 80000 形改造の駅舎で駅出入口に秋田鉄道管理局の貨車駅舎ではお馴染みの覆いがある。

北能代

読み　きたのしろ
路線　五能線（JR東日本）
開業　1926年4月26日
貨車化　1985年6月1日
改築　2008年7月1日

羽後東雲駅として開業後、1943 年に現駅名に改称された。
ワム 60000 形改造で外装は JR 化後に観光列車『ノスタルジックビュートレイン』カラーに塗られた。

出戸浜

Before

After

読み　でとはま
路線　男鹿線（JR東日本）
開業　1951年12月25日
貨車化　1985年6月1日
改築　2006年2月1日

秋田鉄道管理局の余剰貨車活用と老朽駅舎イメージアップの一環で北能代駅と共に秋田局管内で最初に設置された。
ワム 80000 形からの改造で輸送費込みで 250 万円ほどの費用で済んだという。

写真：西崎さいき

大張野

Before

After

読み　おおばりの
路線　奥羽本線（JR東日本）
開業　1950年2月1日
貨車化　1987年3月1日
改築　2006年4月1日

1921 年に船岡信号場として開業した後、大張野信号場へ改称し駅へ昇格した。
ワム 80000 形改造で駅出入口覆いの位置が他駅とは異なる。秋田新幹線『こまち』が通過する駅だ。

写真：西崎さいき

醍醐

Before

After

読み　だいご
路線　奥羽本線（JR東日本）
開業　1951年11月15日※
貨車化　1987年1月1日
改築　2006年11月1日
※仮乗降場としては1950年7月25日

仮乗降場として開業し、後に駅へ昇格した。ワム80000形改造で駅出入口には覆いがあった。
駅周辺は集落と田んぼで『あきたこまち』の産地。

岩島

Before

After

読み　いわしま
路線　吾妻線（JR東日本）
開業　1945年8月5日
貨車化　1985年3月20日
改築　2002年1月1日

1945年に長野原線岩島信号場として開業し、直後に駅へ昇格した。ワラ1形改造で同時に金島、市城、郷原も同様の貨車駅舎となった。吾妻渓谷の最寄駅。

金島

読み　かなしま
路線　吾妻線（JR東日本）
開業　1945年8月5日
貨車化　1985年3月20日
改築　2002年3月1日

Before

After

1945 年に長野原線金島信号場として開業し、直後に駅へ昇格した。駅舎はワラ 1 形改造で工費は 139 万円。上越新幹線の高架線が近くにそびえ立っている。

写真：西崎さいき

香取

読み　かとり
路線　成田線（JR東日本）
開業　1931年11月10日
貨車化　1987年1月25日
改築　2007年12月1日

Before

After

ワム 80000 形改造の駅舎で成田線と鹿島線の分岐駅。
分岐駅が貨車駅舎だったのはこの駅だけで現在は香取神宮を模した駅舎へと変わった。町の中心は隣の佐原駅。

東横田

読み　ひがしよこた
路線　久留里線（JR東日本）
開業　1937年4月20日
貨車化　不明
改築　2007年2月1日

ヨ 5000 形改造の駅舎。2007 年に現在の建物に改築された。
改築直後は屋根があったが、その後屋根が無くなり、現在は駅構内で雨を凌げる場所はトイレしかない。

東浪見

読み　とらみ
路線　外房線（JR東日本）
開業　1925年12月14日
貨車化　1987年1月1日
改築　2007年2月1日

ワム 800000 形改造の駅舎でホームは駅舎よりも 1 段高いところにある。
朝には京葉線直通の東京行が夜には東京発の列車がそれぞれ 1 本走っている。

三門

読み　みかど
路線　外房線（JR東日本）
開業　1903年8月16日
貨車化　1985年3月1日
改築　2007年2月1日

黒色の有蓋貨車改造の駅舎で、ホームの端に駅舎があるため乗り場までの距離が長い。
2005 年 11 月に駅舎が全焼し、暫くして駅舎が再建された。

千歳

Before

After

読み　ちとせ
路線　内房線（JR東日本）
開業　1927年5月20日
貨車化　1987年1月1日
改築　2007年2月1日

ワム 80000 形改造で駅舎の横にはソテツが植わっている。
千葉県内の貨車駅舎は 2007 年の千葉ディスティネーションキャンペーンに合わせて一斉に改築された。

河曲

読み　かわの
路線　関西本線（JR東海）
開業　1949年3月1日
貨車化　1986年3月20日
撤去　2008年3月1日

写真：西崎さいき

1928年に木田信号場として開業した後、鈴鹿駅に昇格。伊勢線（現在の伊勢鉄道）に鈴鹿駅ができたことで河曲駅になった。ヨ5000形改造で中央に大きな開口部がある。現在は待合室はなく、TOICAのICリーダーがポツンと置かれている。

写真：西崎さいき

相可

読み　おうか
路線　紀勢本線（JR東海）
開業　1923年3月20日
貨車化　不明
改築　2008年頃

写真：西崎さいき

ワム80000形改造で貨車の上に大きな屋根が覆いかぶさっていた。
高校生レストランで有名な県立相可高校最寄り駅だが、レストラン『まごの店』は別の場所にある。

写真：西崎さいき

伊勢柏崎

読み　いせかしわざき
路線　紀勢本線（JR東海）
開業　1927年7月3日
貨車化　1985年12月1日
改築　2009年3月1日

Before

After

写真：西崎さいき

ワム70000形の改造で駅名はこの地にあった度会郡柏崎村（現・度会郡大紀町）から。
現在の駅舎には4面が囲われた空間が存在しない。近くに桜並木がある。

上相浦

読み　かみあいのうら
路線　松浦線→西九州線（松浦鉄道）
開業　1920年3月27日
貨車化　1985年頃
撤去　不明（平成初頭）

Before

NO IMAGE

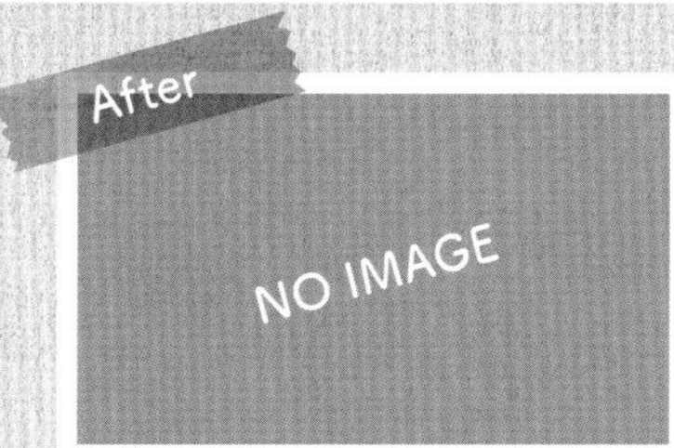

比較的利用客の多い無人駅に駅員を派遣するため設置された九州初の貨車駅舎。鳥栖から持ってきたワム70000形を早岐建築区の手によって改造した。当初は佐世保線から職員を派遣していたが、余剰人員対策だったためか早々に閉鎖された模様。

写真：西崎さいき

三里木

読み　さんりぎ
路線　豊肥本線（JR九州）
開業　1914年6月21日
貨車化　不明
撤去　不明

Before

After

写真：西崎さいき

1980年代に改築されたコンクリート造の駅舎の横にシャッター付きの貨車駅舎が設置された。
現在の駅舎へ改築前には既に撤去されていたようだ。

番外編

写真：宮澤孝一

田野倉

読み　たのくら
路線　大月線（富士急行）
開業　不明
貨車化　不明
撤去　不明

ホーム待合室となった河口湖天上山ロープウェイの初代搬器。ロープウェイのある天上山は昔話カチカチ山の舞台で富士山が一望できる。現在は木造の待合室になっている

資料

駅舎となった貨車たち

北から南まで、日本全国に見られた貨車駅舎。元となった貨車自体も日本全国を巡っていた車両であり、かつては通過していた場所にとどまった車両も少なくないだろう。
ここでは駅舎となった貨車が、どんな車両だったのかを紹介する。

ワム70000形

1958年から5710両製造された15 t積の有蓋貨車で車体長は7050mm。それまでの有蓋貨車とは異なり、貨物室扉幅が広くなり（従来車1700mmが2300mmに）、扉は表開き引き戸に変更。さらに車体の屋根、妻面、引き戸に鋼板プレスを採用した。一方で、足回りは従来の有蓋車と同じ構造だった。1986年までに全車廃車となっている。

貨物室内は側壁や床が木製の羽目板で構成されている。後のワラ1形では側壁が合板で床が鋼板となっていた

ワム80000形

1960年から1981年にかけて26605両製造された15 t積の有蓋貨車で車体長は8850mm。15tといってもパレットも含まれるので、貨物室容積は後のワラ1形（17 t）よりも多い。パレットに積んだ貨物をフォークリフトで荷役するため、車体側面は4枚の扉でのみ構成されており、車体を支えるための柱が各側面に2カ所ずつ設けられている。

全体の3/4がJR化前に廃車となり、これが貨車駅舎などに変わっている。残った車両は2012年まで東海道本線など各地で、主に紙輸送の定期運用があった。

ワム60000形

1961年から8580両製造された15 t積の有蓋貨車で車体長は7050mm。ワム70000形の後継形式だが、形式は若番となった。貨物室入口幅が小型フォークリフトに対応するため、さらに広くなり2700mmに。ワム70000形では溶接とリベット接合の併用であったが、こちらは全溶接になり、下回りもワム80000形で採用された新型軽量構造となった。

ワラ1形

1962年から17367両製造された17 t積の有蓋貨車で車体長は7240mm。車体はワム60000形をベースに一回り大きくとられ、積載容量が5.1m^{3}増えている。妻面上の通風口脇にリベットが左右に2つずつあるのが特徴。貨物室内装も変更され、黒い有蓋貨車として最後の形式となった。1986年までに全車廃車されている。

有蓋貨車、無蓋貨車 固定式の屋根がある貨車は有蓋貨車、固定式の屋根がない貨車が無蓋貨車

緩急車 手ブレーキや、車掌弁と呼ばれる車掌が取扱う非常ブレーキを備えた客車や貨車などの車両

車掌車 貨物列車の最後部に連結され、緩急車と同じ機能を持つ車両。貨物は積載できない

コキフ

1985年までは、貨物列車にも車掌が乗務していた。そのために車掌車が存在したのだが、コンテナ車のみで構成された貨物列車では、コキ10000系は100km/h、コキ50000系で95km/hで走行できるものの、車掌車がこの速度に対応していなかった。そのため、車掌車自体を組み込んだコンテナ緩急貨車としてコキフが登場した。

12ftコンテナ1個分のスペースにそれと同じ大きさの車掌室を組み込んだもので、コキフ10000形（1966年～）とコキフ50000形（1971年～）があった。

車掌乗務が廃止されるとコキフ50000形は車掌室を撤去し、コキ50000形へ改造され1989年に消滅した。コキフ10000形は1996年までに全車廃車となっている。

長さ約3mほどの車掌室内には1人用の回転椅子と机、2人掛けの長椅子、石油ストーブ、連絡電話、トイレなどが設置されていた

ヨ3500/5000形

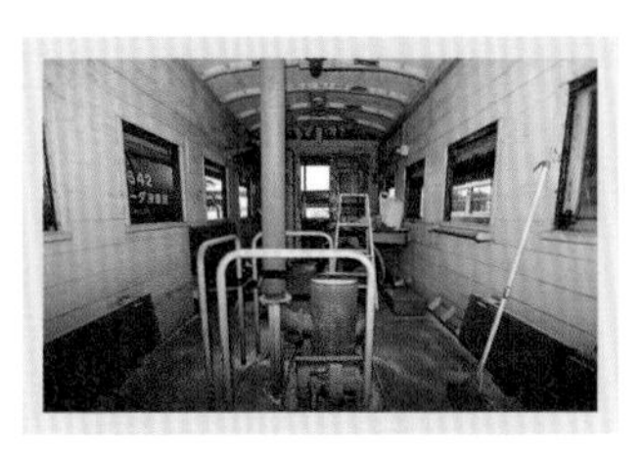

デッキ部を除くと5430mmの長さがある車掌室内には3人用の机に回転椅子、長椅子、ストーブなどが設置されていた。夏場は蚊取り線香を焚いて窓から入ってくる虫を凌いでいた

1950年から1345両製造（改造を含む）された車掌車で、貨物の積載はできないが、これも貨車である。車体長は7030mm、最高速度は75km/h。後に、大多数の車両が足回りの走り装置を改良（2段リンク改造）され、85km/h対応となりヨ5000形へと改番され、車番の前に1が足された。

ヨ5000形は新造車も100両ほどあるが、改造車との違いは車体が全溶接になった点。改造されずヨ3500形のままで残った車両の多くは、窓のアルミサッシ化や2重窓化などの寒さ対策がされ北海道で活躍した。国鉄からJRになる前にほとんどが廃車となったが、僅かに残った車両は2015年まで『SL冬の湿原号』などに連結され走っていた。2016年に全車廃車となっている。

ワフ29500形

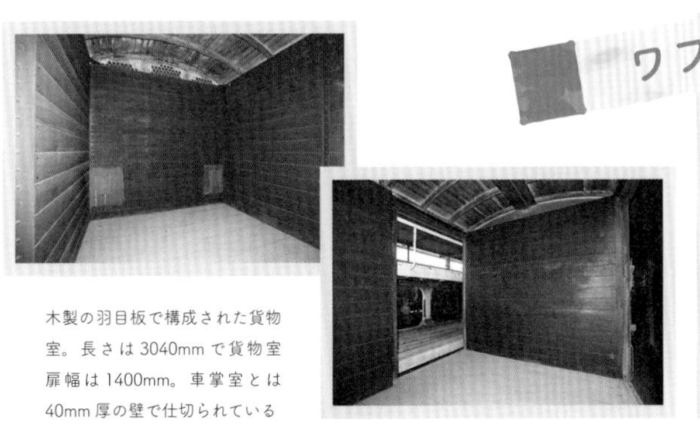

木製の羽目板で構成された貨物室。長さは3040mmで貨物室扉幅は1400mm。車掌室とは40mm厚の壁で仕切られている

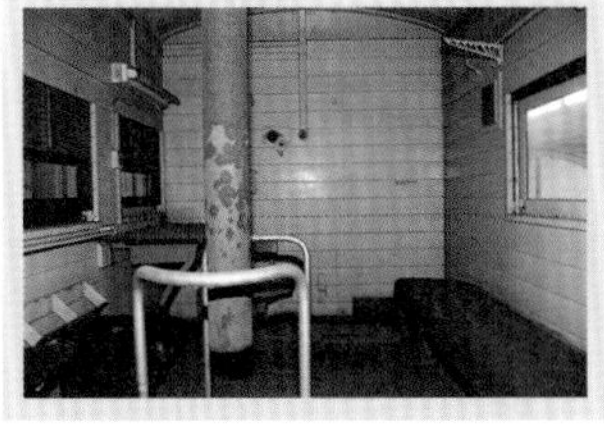

ヨ3500形の車内を半分にしたような内装で奥行は2940mm。長椅子、一人用の机、ストーブがある

1955年から650両製造された5t積の有蓋緩急貨車で、車体の長さは7040mm。車内が車掌室と貨物室に分かれており、ヨ3500形とワムを足して2で割ったような車体になっている。貨物の積載量は減ったが他のワフと比べて車掌からは好評だったようだ。

1983年頃から廃車が始まり、車掌車連結廃止直後の1986年に全車廃車となった。晩年は車掌車のみとして使用していた時期もあったようだ。

現役貨車駅4面写真

勇知

front

side

rear

side

下沼

front

side

rear

side

問寒別

front

side

rear

side

歌内

front

side

rear

side

筬島

front

side

rear

side

智恵文

front

side

rear

side

大和田

front

side

rear

side

幌糠

front

side

rear

side

恵比島

front

side

rear

side

美留和

front

side

rear

side

西和田

front

side

rear

side

別当賀

front

side

rear

side

尾幌

front

side

rear

side

浜厚真

front

side

rear

side

二股

front

side

rear

side

中ノ沢

front

side

rear

side

尾白内

front

side

rear

side

東久根別

front

side

rear

side

釜谷

front

side

rear

side

陸中夏井

front

side

rear

side

中川

front

side

rear

side

会津坂本

front

side

rear

side

郷原

front

side

rear

side

市城

front

side

rear

side

信濃平

front

side

rear

side

平原

front

side

rear

side

御来屋

front

side

rear

side

清流新岩国

front

side

rear

side

箕浦

front

side

rear

side

堀江

front

side

rear

side

探訪 貨車駅舎

かつて線路を走っていた建物たち

2021年12月25日　初版第1刷発行

著	レイルウエイズ グラフィック	イラスト	豊洲機関区
発行者	長瀬 聡	アートディレクション	アダチヒロミ（アダチ・デザイン研究室）
発行所	グラフィック社 〒102-0073 東京都千代田区九段北1-14-17 tel.03-3263-4318（代表） 03-3263-4579（編集） fax.03-3263-5297 郵便振替　00130-6-114345 http://www.graphicsha.co.jp/	企画・編集	坂本章
印刷・製本	図書印刷株式会社		

参考文献

『朝日新聞 秋田版』（1998年）朝日新聞社
『あの日から30年 59-2ダイヤ改正』イカロス出版
『交通新聞』（1984～1987年）交通新聞社
『国鉄客車・貨車ガイドブック』誠文堂新光社
『国鉄車両諸元一覧表』日本国有鉄道車両設計事務所
『さよなら江差線』北海道新聞社
『JR・私鉄全線各駅停車』（1～10）小学館
『ダルマ駅へ行こう！』小学館
『つばめ新聞』日本国有鉄道
『鉄道ジャーナル』（1987年）鉄道ジャーナル社
『鉄道ピクトリアル』（1985年）電気車研究会
『鉄道ファン』（1988年）交友社
『道南鉄道100年史 遥』北海道旅客鉄道函館支社
『日本国有鉄道停車場一覧』
『ボールペンで描く北海道の駅舎たち』バルクカンパニー
『北海道新聞』（1984～1987年）北海道新聞社
『読売新聞 秋田版』（1987年）読売新聞社

ISBN978-4-7661-3600-5 C0065
Printed in Japan